Serge Zakharian

Automatisierungstechnik Aufgaben

Aus dem Programm Automatisierungstechnik

Regelungstechnik für Ingenieure
von M. Reuter

Regelungstechnik I-III
von H. Unbehauen

Steuerungstechnik mit SPS
von G. Wellenreuther und D. Zastrow

Steuerungstechnik im Maschinenbau
von W. Thrun und M. Stern

Regelungstechnik für Maschinenbauer
von W. Schneider

Automatisierungstechnik Aufgaben
von S. Zakharian

Neuronale Netze für Ingenieure
von S. Zakharian, P. Ladewig-Riebler und S. Thoer

Handhabungstechnik
von J. Bartenschlager, H. Hebel und G. Schmidt

Steuern – Regeln – Automatisieren
von W. Kaspers, H.-J. Küfner, B. Heinrich und W. Vogt

Prozeßlenkung, Lehrbuch und Hypermediale Aufgabensammlung
von R. Langmann

Serge Zakharian

Automatisierungs-technik Aufgaben

Lineare-, Zweipunkt- und Fuzzy-Regelung

Mit 97 Abbildungen und 15 Tabellen

Herausgegeben von Otto Mildenberger

Die Deutsche Bibliothek – CIP-Einheitsaufnahme

Zakharian, Serge:
Automatisierungstechnik Aufgaben: Lineare-, Zweipunkt-und Fuzzy-Regelung; mit 15 Tab./ Serge Zakharian. Hrsg. von Otto Mildenberger – Braunschweig; Wiesbaden: Vieweg, 1998
(Uni script)

Herausgeber:
Prof. Dr.-Ing. Otto Mildenberger lehrt an der Fachhochschule Wiesbaden in den Fachbereichen Elektrotechnik und Informatik.

Der Verlag Vieweg ist ein Unternehmen der Bertelsmann Fachinformation GmbH.

http://www.vieweg.de

ISBN 978-3-528-07432-6 ISBN 978-3-322-89148-8 (eBook)
DOI 10.1007/978-3-322-89148-8

Vorwort

Das Buch wendet sich an Studenten der Elektrotechnik sowie anderer praktisch orientierter Studiengänge an Fachhochschulen wie Maschinenbau oder Verfahrenstechnik.

Für den in der Praxis mit Regelsystemen arbeitenden Ingenieur bietet das Buch Informationen vor allem über die Regelungsverfahren mit SPS nach der internationalen *Norm IEC 1131-3* oder den neuen und nur teilweise veröffentlichten Entwurfsverfahren der *Fuzzy-* und *Neuroregelung*.

Das Buch wurde speziell für das Selbststudium konzipiert und ist als Begleitbuch zu Vorlesungen gedacht. Eine Formelsammlung mit Tabellen von statischen und dynamischen Kennlinien ist zu diesem Zweck in Kapitel 1 aufgestellt.

Zum leichten Lernen sind alle *140 Übungsaufgaben* nach dem Schwierigkeitsgrad in fünf Kategorien eingeteilt und ausführlich mit Bildern erklärt. Es wird empfohlen, bei den einfachen Aufgaben mit Markierung ① anzufangen. Nur dann, wenn bestimmte Fähigkeiten vorhanden sind, sollte zu den komplizierteren Aufgaben mit mehreren „Sternchen" ①②③④⑤ übergegangen werden.

Die Aufgaben des Abschnitts 2.15 sind speziell für die Darstellung der Sprungantworten mit dem Simulationsprogramm *MATLAB* zugeschnitten und befinden sich auf der Internet-Seite des Vieweg-Verlages

http://www.vieweg.de

Die Übertragung dieser Aufgaben an einen Rechner soll das Gesamtverständnis der Methoden der Automatisierungstechnik fördern und die Erprobung des gelernten Stoffes ermöglichen. Die Auswertung der Ergebnisse bleibt jedoch dem Leser überlassen.

Die Übungsaufgaben sind systematisch nach dem Lehrstoff des Faches „Automatisierungstechnik" in sechs Kapitel gegliedert. Dabei werden überwiegend lineare Regelkreise behandelt (Kapitel 2). Für diese Systeme hat sich die klassische Frequenzbereichsmethodik des Reglerentwurfs mit Hilfe von *Bode-Diagrammen* bewährt. Es werden sowohl die Vielzahl der in technischen Systemen häufig auftretenden Grundglieder mit Ausgleich als auch instabile Strecken mit ihren spezifischen Eigenschaften behandelt. Dies soll den Zugang zu noch komplexeren Aufgaben wie Regelstrecken mit irrationalen Übertragungsfunktionen oder mit verteilten Parametern erleichtern.

Die nichtlinearen Systeme sind in Kapitel 3 kurz anhand von Zweipunktreglern erläutert. Als Basis werden Zweipunktregler mit und ohne Hysterese im Zeitbereich betrachtet.

In Kapitel 4 werden Methoden der quasikontinuierlichen Abtastregelung und der digitalen Regelung diskutiert. Um die Probleme der z-Transformation, der Datenübertragung und –umsetzung zu vermeiden, ist auf die Darstellung der *SPS* als Regler besonderer Wert gelegt worden.

Diese Methoden werden in Kapitel 6 an Beispielen der intelligenten Regelung (*Fuzzy- und Neuroregelung*) erarbeitet. Außerdem befaßt sich die Kapitel 6 mit dem Entwurf von Fuzzy-Reglern und künstlichen Neuronen mit regelungstechnischen Grundelementen.

Der Schwerpunkt des Kapitels 5 liegt bei der Behandlung der grafischen Programmiersprache *FBD* (*Function Block Diagram*), einer der fünf Sprachen der Norm *IEC 1131-3*. Als Basis der Implementierung des Reglers dient das Programmkomplex *ConCept* mit seinen Standardbibliotheken.

Die verwendeten Formelzeichen orientieren sich an der *DIN 19226 (1994)* und weichen nur in wenigen Fällen von dieser Norm ab. Beispielsweise ist es von die Bezeichnung des Eingangssprunges mit '0' Index verzichtet worden, da dieser Index für die Arbeitspunktgrößen benutzt wird. Die Wahl der Buchstaben für die Höhe des Eingangssprungs der Führungs- und der Störgröße hält sich an die international übliche Schreibweise ($\hat{y}$ bzw. $\hat{z}$) oder wird im Text zusätzlich definiert. Die Kategorie und Typbezeichnung der statischen Kennlinien (Abschnitt 1.5) basiert auf der im Buch [50] eingeführten Klassifikation. Die Tabelle der regelungstechnischen Grundglieder (Abschnitt 1.3) ist mit Kennlinien von Sondergliedern ergänzt.

Dieses Lehrbuch entstand während meine Lehrtätigkeit im Fachgebiet Automatisierungstechnik an der Fachhochschule Wiesbaden, Studienort Rüsselsheim, als eine logische Fortsetzung von mehreren Skripten und Hilfsmitteln, sowie gesammelten Klausuraufgaben. Inhaltlich entspricht das Buch einer zweisemestrigen Grundlagenvorlesung „*Automatisierungstechnik*", die im Rahmen eines Pflichtfaches des Elektrotechnikstudiums durchgeführt wird. Es ist außerdem mit einigen neuen Aufgaben zu Vertiefungsfächern wie „*Simulation und CAE*", „*Automatisierungstechnik mit PC*", „*Regeln und Steuern mit SPS*" ergänzt.

Seinen Gehalt an theoretischer Durchdringung und lernpraktischer Anregung verdankt dieses Buch zahlreichen Gesprächen mit Kollegen des Fachbereiches Mathematik, Naturwissenschaften und Datenverarbeitung / Umwelttechnik und des Fachbereiches Elektrotechnik. Ohne die tatkräftige tägliche Unterstützung der Kollegen wäre das Buch wohl kaum in Form und Inhalt zustandegekommen. Dafür gilt mein besonderer Dank.

Beim Referat für Wissens- und Technologietransfer der Fachhochschule Wiesbaden bedanke ich mich für die vermittelten Erfahrungen in Lektorats- und Messewesentätigkeit, die für Gestaltung des Lehrbuches beigetragen wurden.

Herrn Professor Dr.-Ing. Otto Mildenberger und dem Verlag möchte ich meinen Dank für die Anregung zum Verfassen dieses Buches und für die gute Zusammenarbeit aussprechen.

Rüsselsheim, im Juli 1998 *Serge Zakharian*

Inhaltsverzeichnis

Aufgaben Lösungen

Aufgaben Lösungen

Formelzeichenverzeichnis

Großbuchstaben

A	Fläche, Querschnitt
A_R	Amplitudenreserve
C	Federkonstante, Kondensator
F	Kraft, Funktion
$G(j\omega)$	Frequenzgang
$G(s)$	Übertragungsfunktion
$\lvert G(j\omega)\rvert$	Betrag des Frequenzganges $G(j\omega)$
$\lvert G(j\omega)\rvert_{dB}$	Amplitudengang im Bode-Diagramm: $\lvert G(j\omega)\rvert_{dB} = 20 \cdot \log\lvert G(j\omega)\rvert$
$G_{Sy}(s)$	Übertragungsfunktion des Stellverhaltens der Regelstrecke
$G_{Sz}(s)$	Übertragungsfunktion des Störverhaltens der Regelstrecke
$G_{VZ}(s)$	Vorwärts-Übertragungsfunktion des Störverhaltens des Regelkreises
H	Höhe, Füllstandshöhe
I	Strom (elektr.)
J	Massenträgheitsmoment
K	Konstante
K_D	Differenzierungsbeiwert
K_I	Integrierbeiwert
K_P	Proportionalbeiwert
L	Induktivität (elektr.)
M	Massendurchfluß, Drehmoment, Motor
N	Anzahl
P	Druck, Leistung
Q	Volumendurchfluß
R	Radius, Widerstand (elektr.)
R_F	Regelfaktor
$R_F(0)$	reeller Regelfaktor
$R_F(j\omega)$	komplexer Regelfaktor
T	Zeitkonstante, Periodendauer, Temperatur
T_A	Abtastzeit
T_{an}, T_{aus}	An-, Ausregelzeit
T_D	Differenzierungszeitkonstante
T_d	Schwingungsperiodendauer
T_E	Ersatzzeitkonstante
T_g	Ausgleichszeit
T_I	Integrierungszeitkonstante
T_n	Nachstellzeit
T_R	Verzögerungszeit des Reglers
T_v	Vorhaltzeit
T_u	Verzugszeit
T_t	Totzeit
T_σ	Summenzeitkonstante
U	Spannung (elektr.)
V	Volumen
V_0	Verstärkungsfaktor des offenen Kreises
X	Regelgröße
X_r	Rückführungsgröße
Y	Stellgröße
Z	Störgröße

Kleinbuchstaben

a	Länge, Beschleunigung
b	Länge, Breite
d	Durchmesser
$e(t)$	Regeldifferenz
$e(\infty)$	bleibende Regeldifferenz
f	Frequenz
f_A	Abtastfrequenz
h	Höhe
$h(t)$	Übergangsfunktion
j	imaginäre Einheit
l	Länge
m	Masse, Moment
$m(e)$	Zugehörigkeitsfunktion
n	Anzahl, Drehzahl
$p(t)$	Druckänderung
s	Laplace-Operator
t	Zeit
$ü_m$	max. Überschwingweite in % bezogen auf $x(\infty)$
$v(t)$	Geschwindigkeit
$x(\infty)$	Beharrungswert der Regelgröße
x_d	Schaltdifferenz (Hysterese)
x_0	Amplitude

Griechische Buchstaben

α	Winkel (geometr.)
α_R	Phasenreserve
Δ	Differenz
δ	Fehler, Toleranzbereich
ϑ	Dämpfungsgrad
σ	reeller Einheit
$\varphi(\omega)$	Phasengang
ω	Kreisfrequenz
ω_D	Durchtrittskreisfrequenz
ω_d	Eigenkreisfrequenz
ω_0	Kennkreisfrequenz
ω_r	Resonanzkreisfrequenz
ω_1	Eckkreisfrequenz
ω_π	Phasenschnittkreisfrequenz

Indizes

A	Antrieb
akt	aktueller Wert
krit	kritisch
M	Meßeinrichtung, Motor
max	maximal
min	minimal
m.R.	„mit Regler"
N	Normal
0	Arbeitspunkt
o.R.	„ohne Regler"
R	Regler
r	Rückführung
S	Strecke
V	Vorwärtsübertragung
W	Führungsverhalten
X	Regelgröße
Y	Stellgröße
Z	Störgröße

1 Einführung

1.1 Hinweise zum Gebrauch des Buches

1.1.1 Gliederung des Stoffes

Dem Schwierigkeitsgrad entsprechend sind die Aufgaben folgendermaßen gegliedert und mit der Markierung versehen:

Testaufgaben: ①

Diese Aufgaben sollen das Verständnis elementarer Zusammenhänge des entsprechenden Lehrstoffes fördern. Sie können mit wenigen Lösungsschritten durch Ankreuzen gelöst werden. Die Antworten sind in Tabellen zusammengefaßt.

Übungsaufgaben: ①② oder ①②③

Diese Aufgaben mittleren Schwierigkeitsgrades fördern das Verständnis des Lehrstoffes als Ganzes und können in direkter Analogie zu dem in Lehrveranstaltungen bzw. Lehrbüchern vermittelten Stoff gelöst werden. Sie dienen damit der Erarbeitung von Fähigkeiten. Die einzelnen Lösungsschritte sind ausführlich aufgestellt.

Systemaufgaben: ①②③④ oder ①②③④⑤

Anhand dieser komplizierten Aufgaben sollen Muster für die Lösung komplexer Analyse- und Entwurfsprobleme erarbeitet werden. Die vorgeschlagenen Lösungen befassen sich zunächst grundsätzlich mit der Aufstellung des Lösungsweges. Die danach folgende Lösungsschritte sind anhand von numerischen Auswertung oder PC-Simulationen kurz erläutert.

1.1.2 Literaturhinweise

Zum Verstehen des Stoffes und für ein vertieftes Studium einzelner Themen ist die Bearbeitung folgender am Ende des Buches aufgelisteten Literatur empfohlen:

- Lineare Regelung: [6, 7, 9-12, 16, 25, 27, 29, 31, 32, 38-40]
- Aufgaben: [18, 20, 26]
- Zweipunktregelung: [35, 43, 45]
- Digitale Regelung: [1, 2, 5, 13, 17, 24, 29, 44, 47]
- Steuerung: [8, 19, 22, 36, 37, 49]
- Fuzzy-Regelung: [21, 23, 34, 48]
- Neuronale Regelung: [4, 15, 32-34, 41, 46, 50]
- Simulation: [3, 14, 15, 28-30, 35, 42, 47]

Als Simulationswerkzeug wird das Programmsystem MATLAB empfohlen [3, 14, 28].

1.1.3 Simulationsprogramme

Im Spannungsfeld zwischen mathematischer Exaktheit, Bedienungsfreundlichkeit, benötigter Speicherkapazität und erträglichen Anschaffungskosten sind für die Übungsaufgaben dieses Buches folgende Programme gewählt worden:

MATLAB mit seiner Erweiterung *SIMULINK* und den zahlreichen Toolboxen erlaubt den Studierenden leicht zu programmieren. Eine Studenten-Version ist in Buchhandlung erhältlich. Die auf dem Verlagsserver http://www.vieweg.de als *m*-Dateien gespeicherten Aufgaben sind mit den *MATLAB*- und *SIMULINK*-Versionen 4.2c bzw. 1.3c programmiert und lassen sich problemlos unter neuen Versionen auszuführen.

TUTSIM wird seit mehreren Jahren in den Vorlesungen und Übungen zur Automatisierungstechnik am Fachbereich MND/Umwelttechnik der Fachhochschule Wiesbaden eingesetzt. Der Name kommt von „*T*wente *U*niversity of *T*echnology *SIM*ulation Program". Auch *TUTSIM* hat eine Studenten-Version.

WINREG erlaubt eine gleichzeitige Simulation von vier Regelkreisen und eine direkte hardwaretechnische Realisierung der simulierten Regelkreise auf einen Microcontroller oder Prozessor und damit weiteres Experimentieren.

ReSI stellt eine eigene Entwicklung des Fachbereichs MND/Umwelttechnik der FH Wiesbaden dar. Es dient der Simulation von Regelkreisen im Zeitbereich unter Ausnutzung der Vorteile von Windows'95.

Weitere über Simulationsprogramme sowie die mit *TUTSIM*- und *WINREG*-programmierten Aufgaben findet man unter Internet-Adresse http://www.vieweg.de des Vieweg-Verlags.

1.1.4 Formelzeichen

Die Abweichungen der Regelkreisgrößen vom Arbeitspunkt sind mit kleinen Buchstaben bezeichnet, z.B. x, w und z. Durch Großbuchstaben mit dem Index 0 sind entsprechende Variablen im Arbeitspunkt dargestellt, z.B. X_0, W_0 und Z_0. Werden diese Variablen im allgemeinen Fall mit Großbuchstaben ohne Indizes geschrieben, z.B. X oder Y, so handelt es sich um allgemeine Variablen, d.h. $X = X_0 + x$ oder $Y = Y_0 + y$.

Für die Ableitungen einer Funktion $x(t)$ gilt die vereinfachende Schreibweise, z.B. $\dot{x}(t), \ddot{x}(t), \dddot{x}(t)$. Zur Zeit $t = 0$ befindet sich das System normalerweise in der Ruhelage.

Die Ableitung einer Funktion $Y=F(X)$ an der Stelle X_0 ist durch eines der folgenden Symbole gekennzeichnet: $\left.\frac{dY}{dX}\right|_{X=X_0}$ oder $\left.\frac{dY}{dX}\right|_0$ oder $\dot{Y}(X_0)$.

Diese Schreibweise gilt analog für Funktionen von mehreren unabhängigen Variablen.

Die Variablen im Zeit- bzw. Frequenzbereich und deren Laplacetransformierte haben denselben Namen, werden aber durch Angabe der Argumente deutlich ausgewiesen. Das Signal y z.B. wird im Zeit-, Frequenz- und Bildbereich durch $y(t)$, $y(j\omega)$ und $y(s)$ dargestellt. Diese Festlegung gilt auch für die Frequenzgänge $G(j\omega)$ und die Übertragungsfunktionen $G(s)$.

1.2 Formelsammlung

1.2.1 Grundbegriffe und statisches Verhalten

Übertragungsfunktion und Wirkungsplan

Reihenschaltung:

$$G(s) = G_1(s) \cdot G_2(s)$$

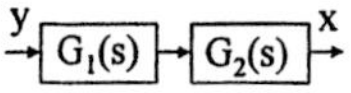

y → G₁(s) → G₂(s) → x

Parallelschaltung:

$$G(s) = G_1(s) \pm G_2(s)$$

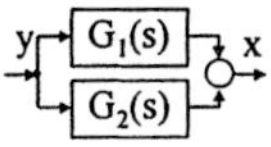

Gegenkopplung:

$$G(s) = \frac{G_V(s)}{1 + G_V(s) G_r(s)}$$

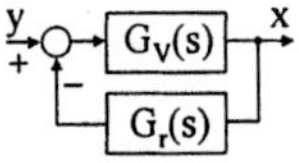

Laplace-Transformation ($x(0) = \dot{x}(0) = 0$)

$X(t)$	$\Rightarrow$	$X(s)$
$\dot{X}(t)$	$\Rightarrow$	$s \cdot X(s)$
$\ddot{X}(t)$	$\Rightarrow$	$s^2 \cdot X(s)$
$\int X(t) dt$	$\Rightarrow$	$\frac{1}{s} \cdot X(s)$

Einheitssprung: $\hat{y} \Rightarrow Y(s) = \frac{1}{s}$

Operator: $s \Rightarrow j\omega$

Grenzwertsatz:

$$x(\infty) = \lim_{t \to \infty} x(t) = \lim_{s \to 0} G_W(s) \cdot \hat{w}$$

Übertragungsfunktion des aufgeschnittenen $G_0(s)$ und geschlossenen Regelkreises:

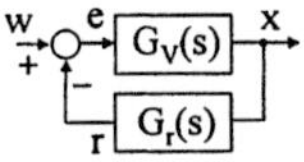

$$G_0(s) = G_V(s) \cdot G_r(s)$$

Führungsverhalten:

$$G_W = \frac{G_V}{1 + G_0}$$

Störverhalten:

$$G_Z = \frac{G_{VZ}}{1 + G_0}$$

Bleibende Regeldifferenz:

$$e(\infty) = \hat{w} - x(\infty)$$

Kreisverstärkung: $V_0 = K_{PR} K_{PS} K_{PM}$

Reeller Regelfaktor: $R_F(0) = \frac{e_{m.R.}(\infty)}{e_{o.R.}(\infty)}$

$$R_F(0) = \frac{1}{1 + V_0}$$

(Kreise ohne I-Anteil)

$$R_F(0) = 0$$

(mit I-Anteil)

Führungsverhalten

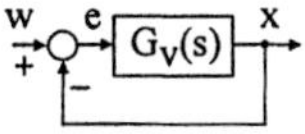

$$R_F(0) = \frac{\hat{w} - x_{m.R}(\infty)}{\hat{w}}$$

Störverhalten

$$R_F(0) = \frac{x_{m.R.}(\infty)}{x_{o.R.}(\infty)}$$

Beispiel:

$$G_W = \frac{G_0}{1 + G_0}$$

Linearisierung:

$$X(t) = X_0 + x(t)$$

$$Y(t) = Y_0 + y(t)$$

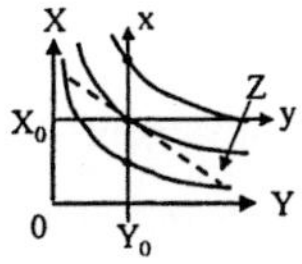

$$K_{Py} = \left.\frac{\partial f}{\partial Y}\right|_0 \cong \left.\frac{\Delta X}{\Delta Y}\right|_0$$

$$K_{PZ} = \left.\frac{\partial f}{\partial Z}\right|_0 \cong \left.\frac{\Delta X}{\Delta Z}\right|_0$$

nichtlineare $\Rightarrow$ linearisierte Funktion

$$X = f(Y, Z) \quad \Rightarrow \quad x = K_{Py} \cdot y + K_{PZ} \cdot z$$

Komplexer Regelfaktor:

$$R_F(j\omega) = \frac{1}{1 + G_0(j\omega)}$$

$$R_F(j\omega) = 1 - G_W(j\omega)$$

Führungsverhalten:

$$G_W(j\omega) = G_0(j\omega) \cdot R_F(j\omega)$$

Störverhalten:

$$G_Z(j\omega) = G_{VZ}(j\omega) \cdot R_F(j\omega)$$

1.2.2 Dynamisches Verhalten

Regelbarkeit $\frac{T_g}{T_u}$, Übergangsfunktion $h(t)$:

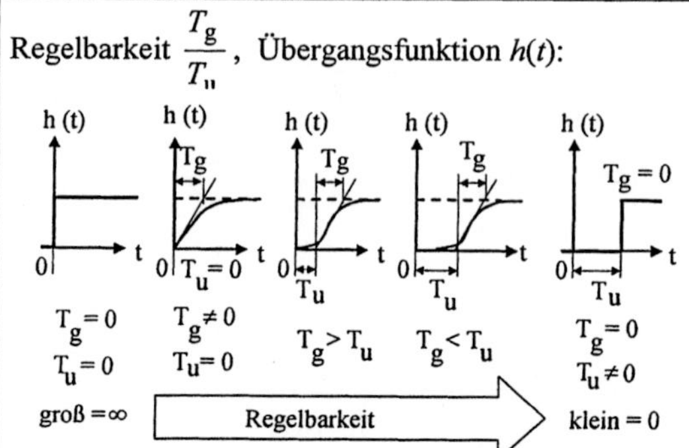

Dämpfungsgrad ϑ, Übergangsfunktion $h(t)$, s-Ebene:

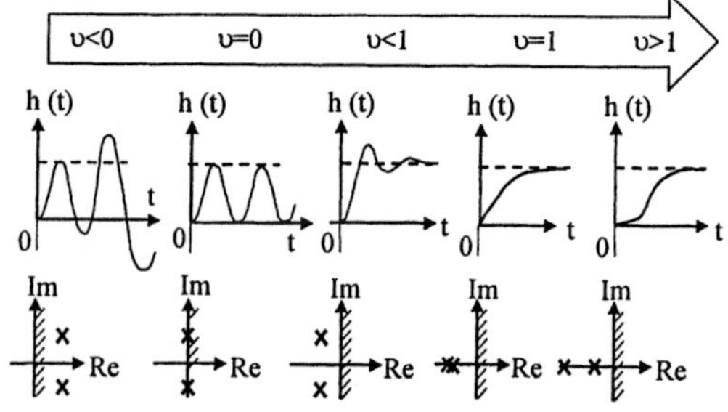

Nyquist-Stabilitätskriterium:

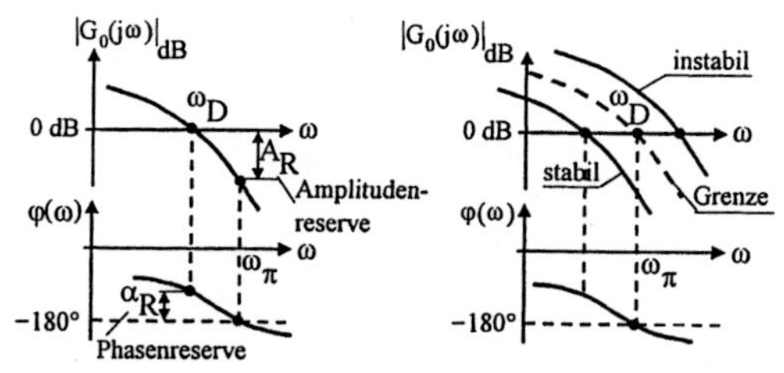

Ordnungsreduktion (ggf. nach Anwendung der Kompensation) unter der Bedingung $T_{\text{größte}} \geq 5 \cdot \sum_i T_{i\text{kleine}}$

$\Rightarrow$ Ersatzzeitkonstante: $T_E = T_{\text{größte}} + \sum_i T_{i\text{kleine}}$

Sprungantwort von P-T2-Glied:

$$G(s) = \frac{1}{\frac{1}{\omega_0^2} s^2 + \frac{2\vartheta}{\omega_0} s + 1}$$

Periodendauer: $T_d = \frac{2\pi}{\omega_d}$

Eigenkreisfrequenz:

$$\omega_d = \omega_0 \sqrt{1 - \vartheta^2}$$

Durchtrittsfrequenz: $\omega_D \approx \omega_d$

Überschwingweite:

$$\ddot{u}_{max}\,\% = e^{-\vartheta \cdot \omega_0 \cdot \frac{T_d}{2}}$$

Ausregelzeit:

$$T_{Aus} = \frac{\ln 25}{\vartheta \omega_0} = \frac{3{,}22}{\vartheta \omega_0}$$

Anzahl der Halbwellen:

$$N = \sqrt{\frac{1}{\vartheta^2} - 1} \approx \frac{1}{\vartheta}$$

Hurwitz-Stabilitätskriterium für System 3.Ordnung mit $a_3 > 0$

$$a_3 \cdot s^3 + a_2 \cdot s^2 + a_1 \cdot s + a_0 = 0$$

Stabilitätsbedingungen:

1. Alle Koeffizienten vorhanden
2. Alle Vorzeichen positiv
3. $a_2 \cdot a_1 > a_3 \cdot a_0$

Kompensationsregeln (außer symmetrisch. Optimum):

PI-/PID-Regler	PD-Regler
$T_n = T_{\text{größte}}$	$T_v = T_{\text{größte}}$
$T_v = T_{\text{zweitgrößte}}$	

1.2.3 Regelgüte und Reglereinstellung

Sprungantwort des Führungsverhaltens

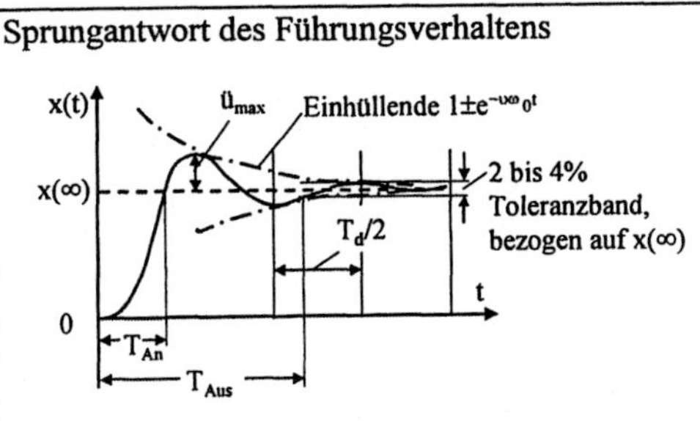

Ziegler-Nichols-Verfahren, Schwingungsversuch mit P-Regler:

	K_{PR}	T_n	T_V
P-	$0{,}5 \cdot K_{PRkr}$	–	–
PI-	$0{,}4 \cdot K_{PRkr}$	$0{,}85 \cdot T_{kr}$	–
PID-	$0{,}6 \cdot K_{PRkr}$	$0{,}5 \cdot T_{krit}$	$0{,}12 T_{kr}$

Grundtyp A (mit I-Anteil):

$$G_0(s) = \frac{K_{PR} K_{PS} K_{IS}}{s \cdot (1 + sT_E)}$$

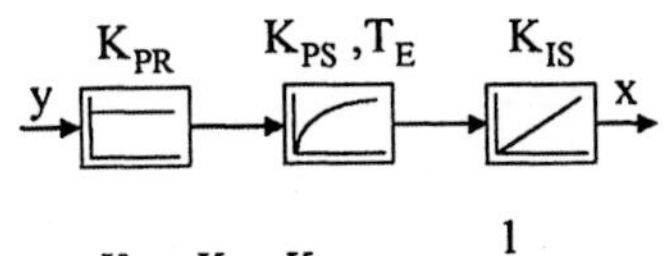

$$K_{PR} K_{PS} K_{IS} = \frac{1}{4 \cdot \vartheta^2 \cdot T_E}$$

Grundtyp B (ohne I-Anteil):

$$G_0(s) = \frac{K_{PR} K_{PS}}{(1 + T_1)(1 + sT_E)}$$

K_{PR} K_{PS}, T_E $1, T_1$

$$K_{PR} K_{PS} = \frac{(T_1 + T_E)^2}{4 \cdot \vartheta^2 \cdot T_1 \cdot T_E} - 1$$

$$\vartheta = \frac{1}{\sqrt{2}}$$

Betragsoptimum für Grundtyp A:

$$K_{PR} = \frac{1}{2 \cdot K_{PS} \cdot K_{IS} \cdot T_E}$$

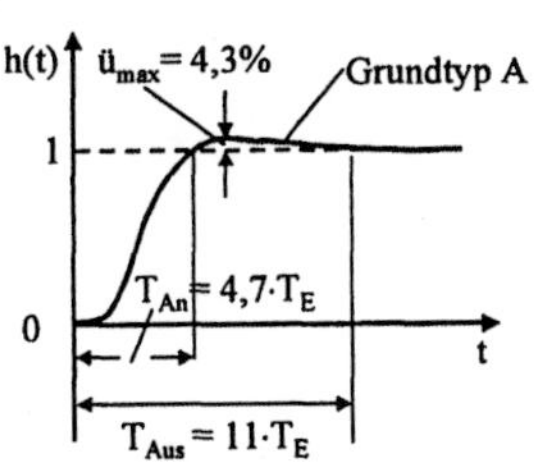

Sonderfall: $G_0(s) = \dfrac{K_{PR} K_{PS}}{s \cdot T_n (1 + sT_E)}$:

$$K_{PR} = \frac{T_n}{2 \cdot K_{PS} \cdot T_E}$$

Betragsoptimum für Grundtyp B:

$$K_{PR} = \frac{(T_1 + T_E)^2}{2 \cdot K_{PS} \cdot T_1 \cdot T_E} - \frac{1}{K_{PS}}$$

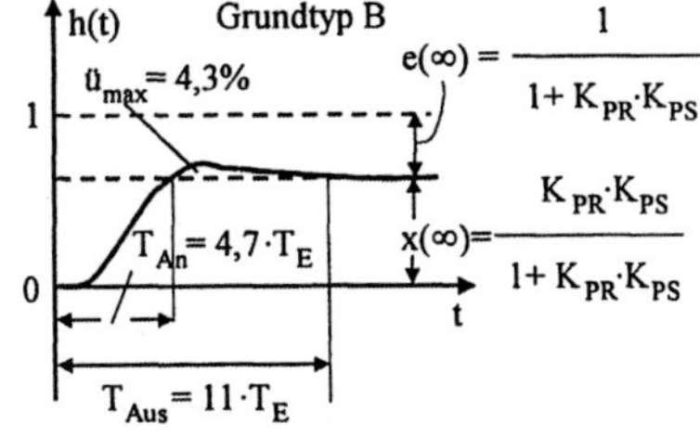

Annäherung für $T_1 >> T_E$:

$$K_{PR} \approx \frac{T_1}{2 \cdot K_{PS} \cdot T_E}$$

1.2.4 Reglereinstellung und Regelungsvarianten

Symmetrisches Optimum (S.O.):

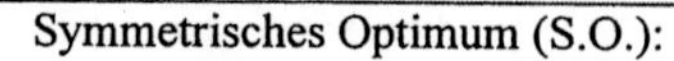

$$G_0(s) = \frac{K_{PR} \cdot K_{PS} \cdot K_{IS} \cdot (1 + sT_n)}{s^2 \cdot T_n \cdot (1 + sT_E)}$$

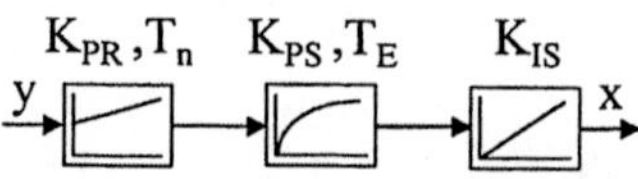

Kompensationsregeln für S.O.:

$$T_n = k \cdot T_{größte}$$

$$T_v = T_{zweitgrößte}$$

Regelkreisverhalten des S.O.:

$$T_n = k \cdot T_E \qquad k = \cot^2\left(\frac{90° - \alpha_R}{2}\right)$$

$$K_{PR} = \frac{1}{\sqrt{k} \cdot K_{PS} \cdot K_{IS} \cdot T_E}$$

Bode-Diagramm des S.O.:

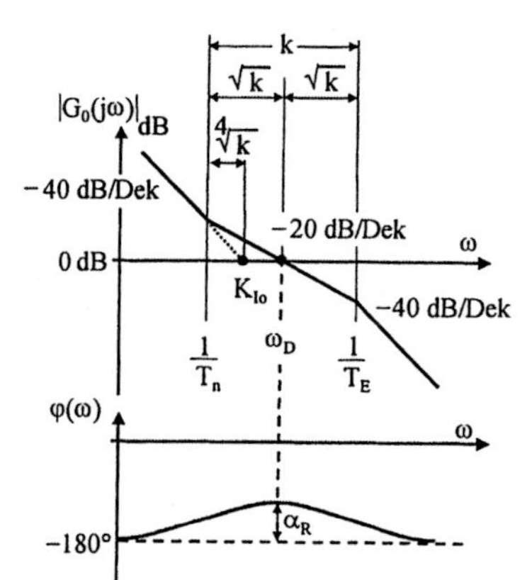

Reglereinstellung nach dem S.O. für $k = 4$

$$T_n = 4 \cdot T_E \qquad \alpha_R = 37°$$

$$K_{PRopt} = \frac{1}{2 \cdot K_{PS} \cdot K_{IS} \cdot T_E} \qquad \omega_D = \frac{1}{2T_E}$$

Sprungantwort beim Führungsverhalten (Sprunghöhe w = 1)

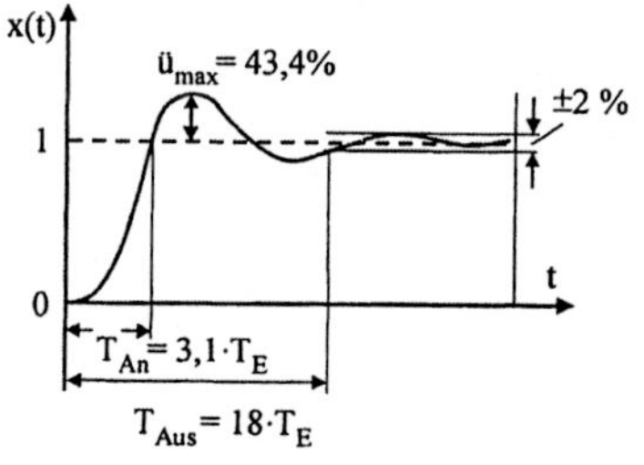

Kaskadenregelung:

Folgeregelkreis: $G_{01}(s) = G_{R1}(s) \cdot G_{S1}(s)$

Führungsregelkreis:

$$G_{02}(s) = G_{R2}(s) \cdot G_{w1}(s) \cdot G_{S2}(s)$$

Zweipunktregler ohne Schaltdifferenz:

$$x_0 = \frac{X_E}{2} \cdot \frac{T_u}{T_g} \qquad T_0 = 4 \cdot T_t \text{ (symmetr.Lage)}$$

Störgrößenaufschaltung:

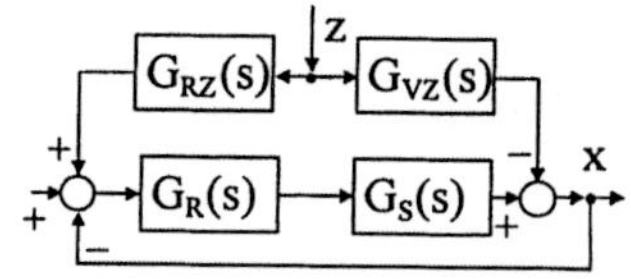

$$G_Z(s) = \frac{G_{VZ}(s)}{1 + G_0(s)} = 0 \quad \Rightarrow \quad G_{VZ}(s) = 0$$

Regler mit Rückführung:

$$G_R(s) = \frac{1}{G_r(s)}$$

w, e, y, x, $K_V(s) \to \infty$, $G_r(s)$

Quasikontinuierliche Abtastregelung:

Die Abtastzeit T_A führt zur Totzeit T_t bei

$$T_A < T_g/2 \quad \Rightarrow \quad T_t = T_A/2$$

1.3 Regelungstechnische Grund- und Sonderglieder

1.3.1 Proportional-Elemente mit und ohne Verzögerung

Name	Übertragungsfunktion, Differentialgleichung	Sprungantwort (beim Streckeneingang $\hat{y}$ oder Reglereingang $\hat{e}$) und Bode-Diagramm
P-Regler	$G_R(s) = K_{PR}$ $y = K_{PR} \cdot e$	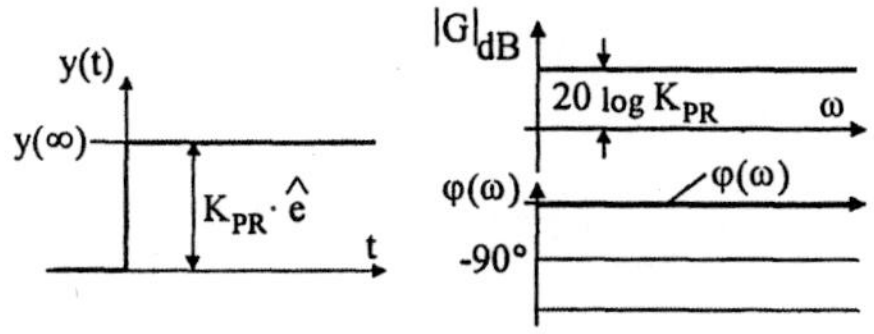
P-T1-Strecke	$G_S(s) = \frac{K_{PS}}{1+sT_1}$ $T_1\dot{x} + x = K_{PS} \cdot y$	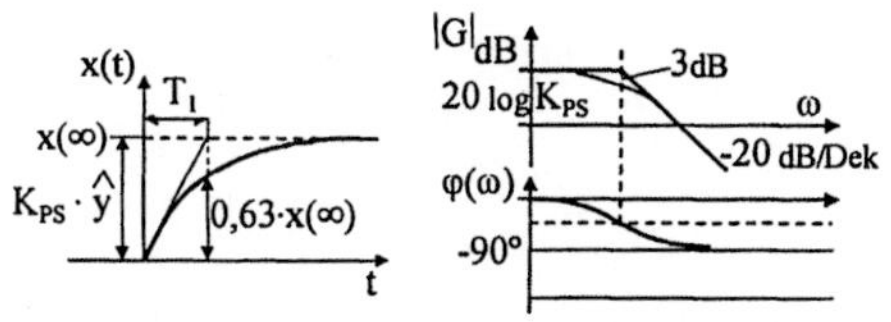
P-T1-instabile Strecke	$G_S(s) = \frac{K_{PS}}{1-sT_1}$ $-T_1\dot{x} + x = K_{PS} \cdot y$	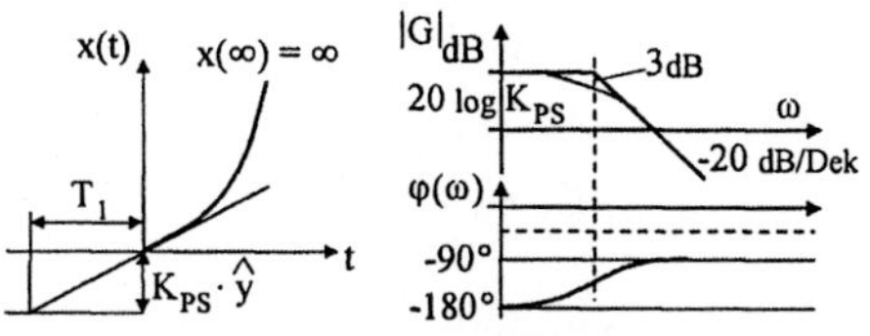
P-T1-Strecke mit irrationalem Operator	$G_S(s) = \frac{K_{PS}}{1+\sqrt{sT_1}}$ $\frac{\partial^2 x}{\partial l^2} = T_1 \cdot \frac{\partial x}{\partial t}$ $x(0,0) = K_{PS} \cdot \hat{y}$	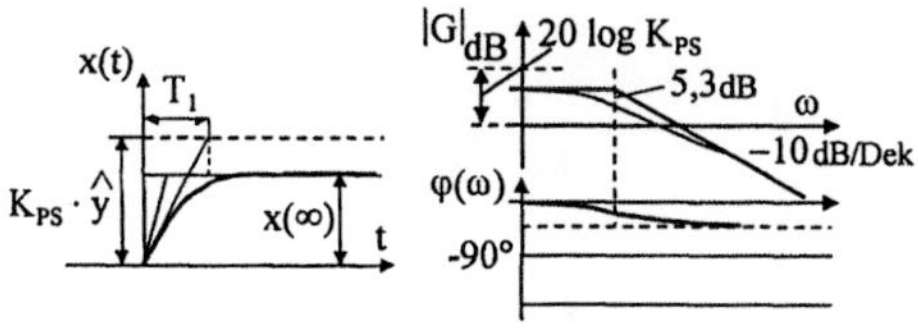
P-T2-Strecke mit $T_2 = T_1$	$G_S = \frac{K_{PS}}{(1+sT_1)^2}$ aperiodisch ($\upsilon \geq 1$) $T_1^2\ddot{x} + 2T_1\dot{x} + x = K_{PS} \cdot y$	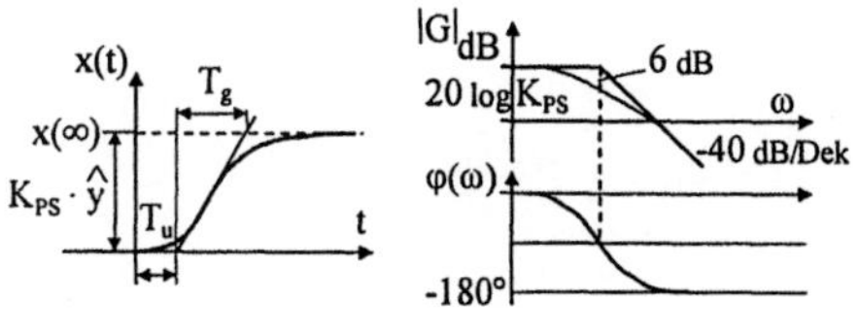

1.3.2 Proportional-Elemente mit Verzögerung und Totzeit

Name	Übertragungsfunktion, Differentialgleichung	Sprungantwort (beim Streckeneingang $\hat{y}$ oder Reglereingang $\hat{e}$) und Bode-Diagramm
P-T2- Strecke	$G(s)=\dfrac{K_{PS}}{\frac{1}{\omega_0^2}s^2+\frac{2\vartheta}{\omega_0}s+1}$ periodisch (0<υ<1) $\frac{1}{\omega_0^2}\ddot{x}+\frac{2\vartheta}{\omega_0}\dot{x}+x=K_{PS}y$	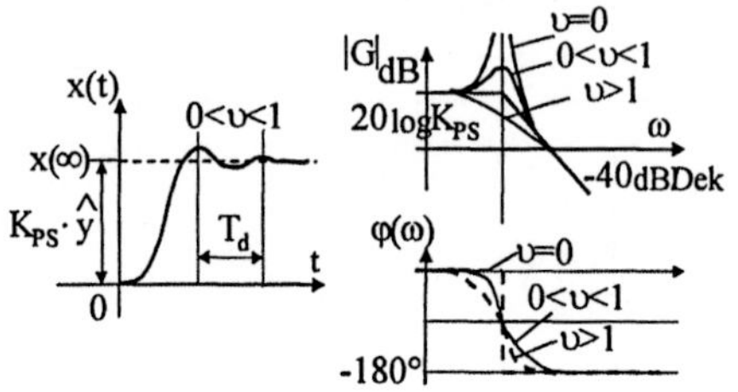
P-T2- instabile Strecke	$G_S(s)=\dfrac{K_{PS}}{1-s^2T_1^2}$ $-T_1^2\ddot{x}+x=K_{PS}\cdot y$	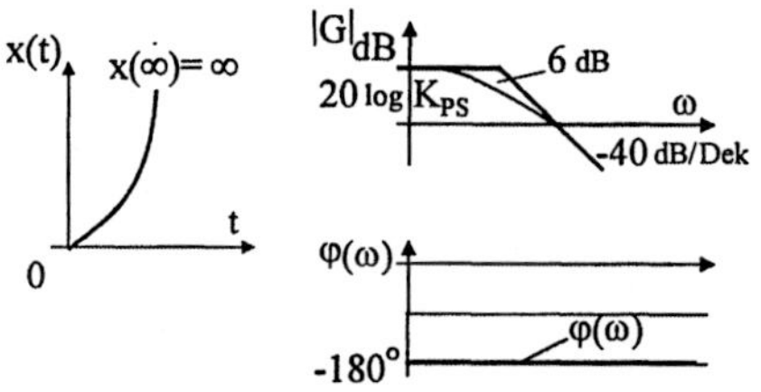
P-T3- Strecke mit $T_3=T_2==T_1$	$G_S=\dfrac{K_{PS}}{(1+sT_1)^3}$ aperiodisch (υ≥1) $T_1^3\dddot{x}+3T_1^2\ddot{x}+3T_1\dot{x}+x=$ $=K_{PS}\cdot y$	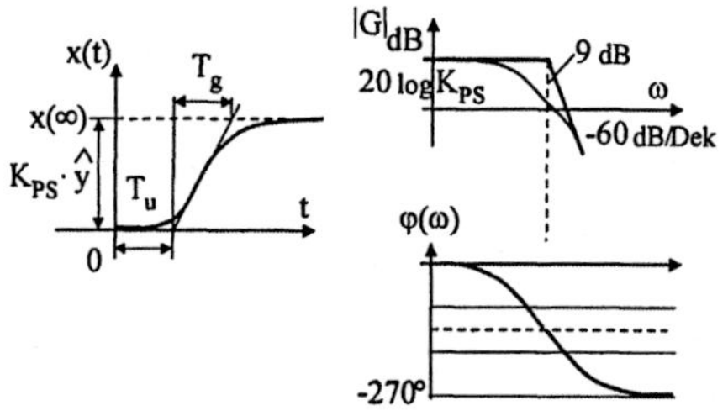
Tt- Strecke	$G_S(s)=K_{PS}\cdot e^{-sT_t}$ $x(t)=K_{PS}\cdot y(t-T_t)$ (Hier: $K_{PS}=1$)	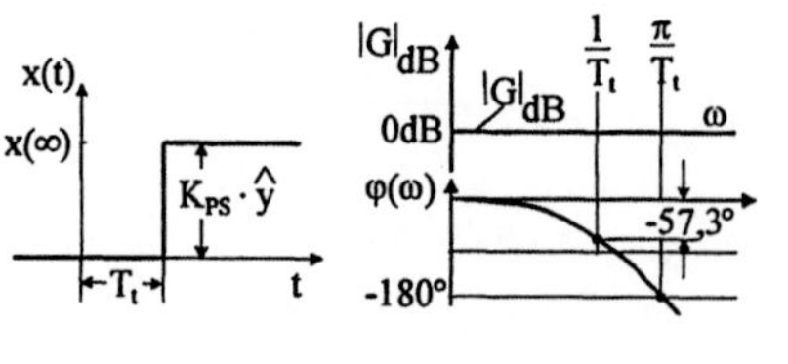

1.3.3 Differenzierende Elemente

Name	Übertragungsfunktion,DGL	Sprungantwort, Bode-Diagramm
D- Strecke	$G_S(s) = s \cdot K_D$ $x = K_D \cdot \dot{y}$	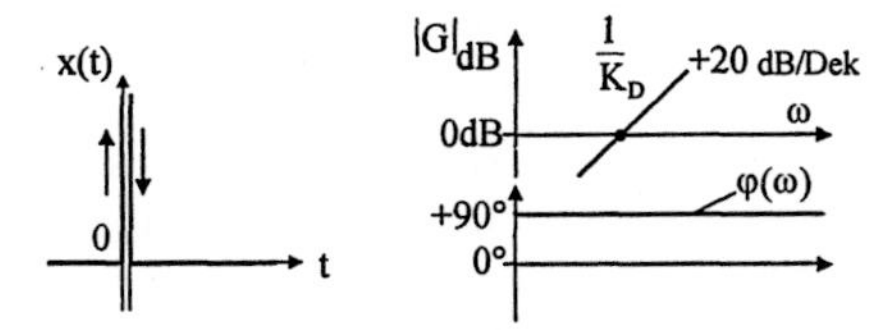
D-T1- Strecke	$G_S(s) = \frac{s \cdot K_D}{1 + sT_1}$ $T_1\dot{x} + x = K_D \cdot \dot{y}$	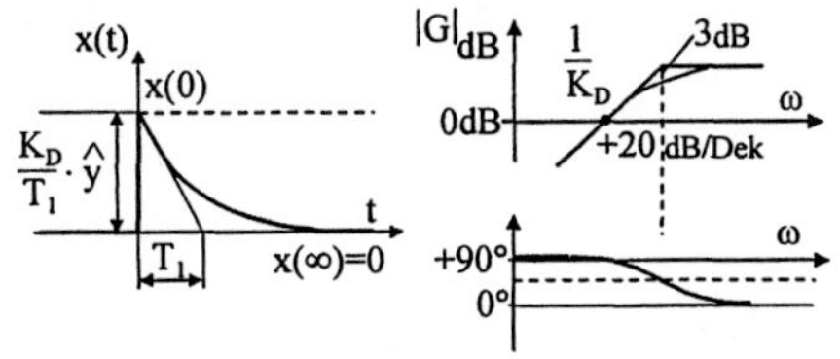
PD- Regler	$G_R(s) = K_{PR}(1 + sT_v)$ $y = K_{PR}(e + T_v\dot{e})$	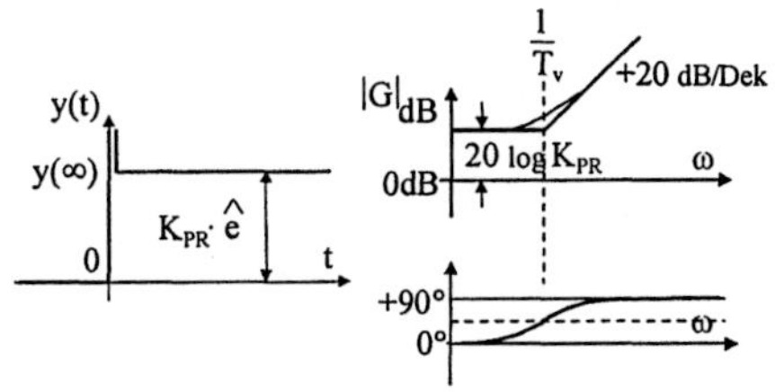
PD-T1- Regler mit $T_v > T_1$	$G_R(s) = K_{PR}\frac{1 + sT_v}{1 + sT_1}$ $T_1\dot{y} + y = K_{PR}(e + T_v\dot{e})$	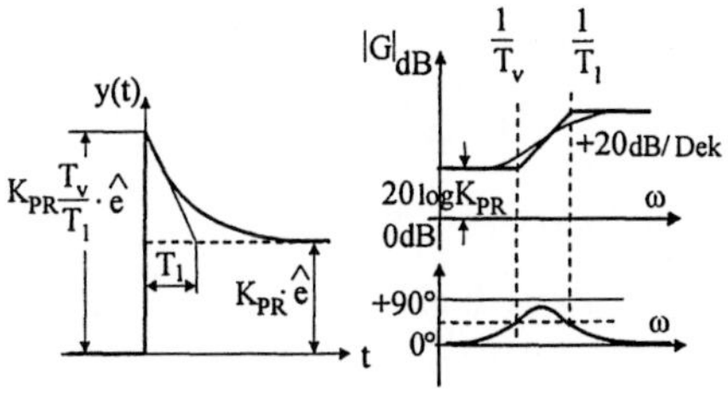
PP-T1- Strecke mit $T_1 > T_v$	$G_S = K_{PS}\frac{1 + sT_v}{1 + sT_1}$ $T_1\dot{x} + x = K_{PS}(y + T_v\dot{y})$	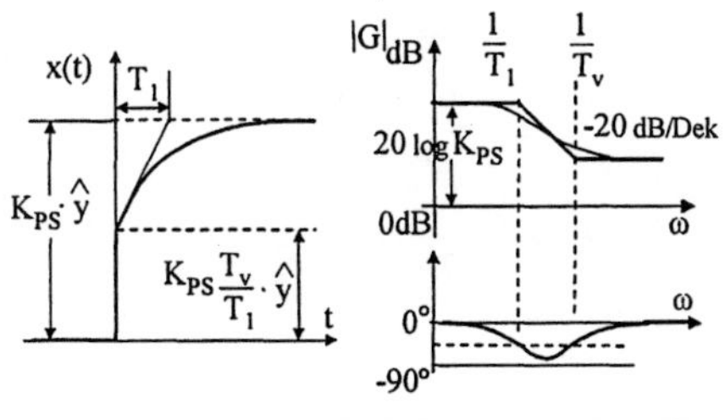

1.3.4 Integrierende Elemente und Elemente mit I-Anteil

Name	Übertragungsfunktion, DGL	Sprungantwort, Bode-Diagramm
I- Strecke	$G_S(s) = \frac{K_{IS}}{s}$ $x = K_{IS} \int y(t)dt$	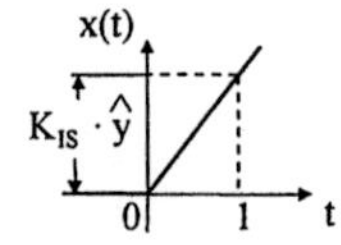 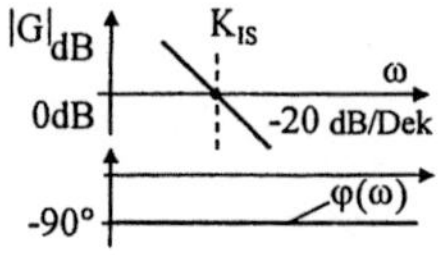
I-T1- Strecke	$G_S(s) = \frac{K_{IS}}{s(1+sT_1)}$ $T_1\dot{x} + x = K_{IS} \int y(t)dt$	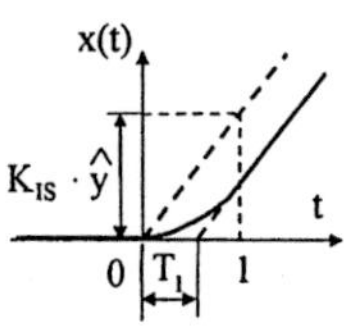 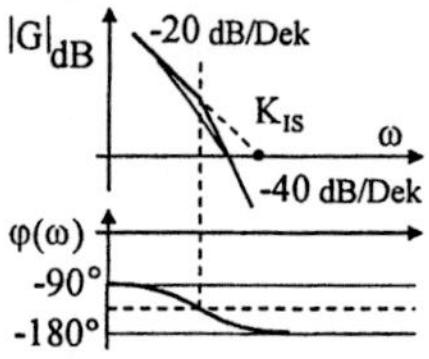
PI- Regler	$G_R(s) = \frac{K_{PR}(1+sT_n)}{sT_n}$ $y = K_{PR}\left(e + \frac{1}{T_n}\int edt\right)$	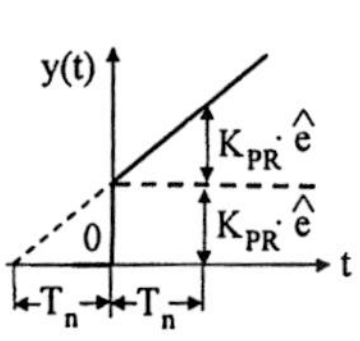 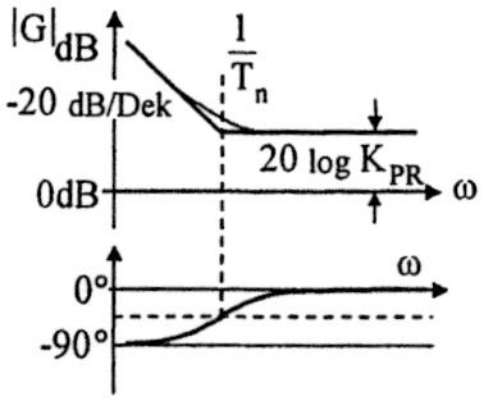
PID- Regler	$G_R = K_{PR}\left(1 + \frac{1}{sT_n} + sT_v\right)$ additive Form $y = K_{PR}\left(e + \frac{1}{T_n}\int edt + T_v\dot{e}\right)$	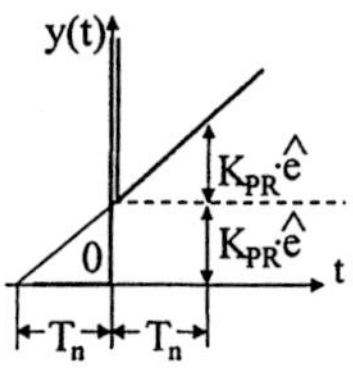 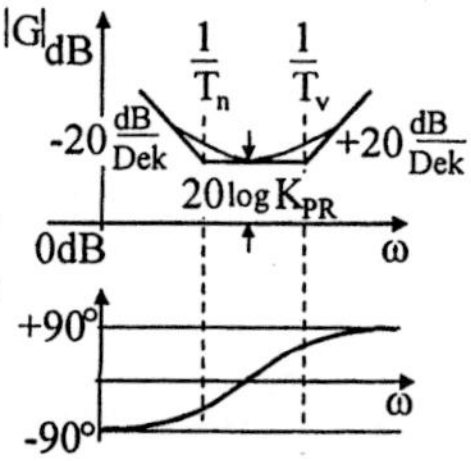
PID-T1- Regler	$G_R = \frac{K_{PR}(1+sT_n)(1+sT_v)}{sT_n(1+sT_1)}$ multiplikative Form $T_1\dot{y} + y = K_{PR}\left(1 + \frac{T_v}{T_n}\right)e +$ $+\frac{K_{PR}}{T_n}\int edt + K_{PR}T_v\dot{e}$	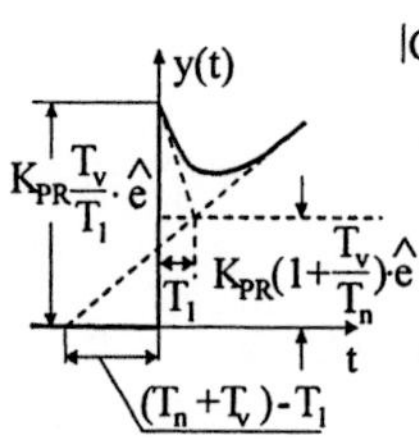 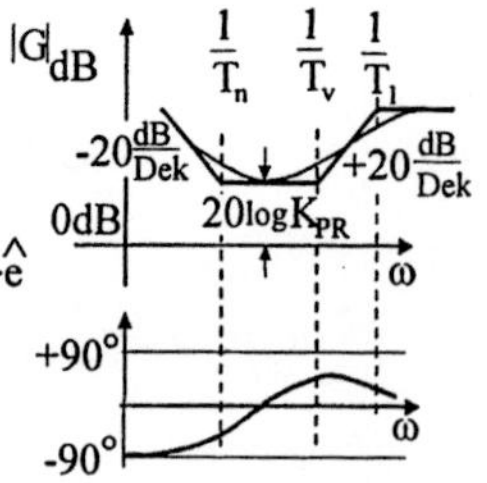

1.4 Elektronische Regler mit Rückführung

Reglertyp und Rückführung	Kennwerte	Invertierender Operationsverstärker
P-Regler (mit Vergleichsstelle): $G_R(s) = -K_{PR}$ Starre Rückführung: $G_r(s) = K_{Pr}$	$K_{PR} = \dfrac{1}{K_{Pr}}$	$K_{PR} = \dfrac{R_r}{R_e}$ $R_w = R_e$ 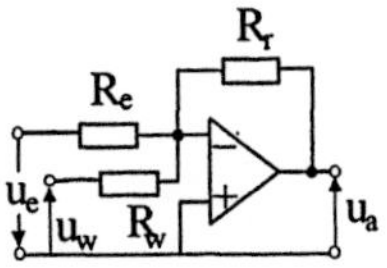
I-Regler: $G_R(s) = -\dfrac{K_{IR}}{s} = -\dfrac{1}{s \cdot T_n}$ Differenzierende Rückführung: $G_r(s) = s \cdot K_{Dr}$	$T_n = K_{Dr}$ oder $K_{IR} = \dfrac{1}{K_{Dr}}$	$T_n = R_e C_r$ 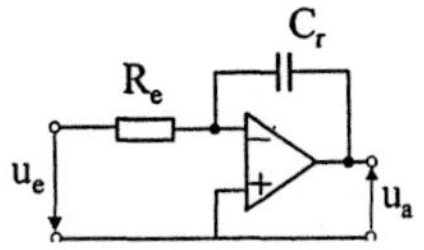
PI-Regler: $G_R(s) = -\dfrac{K_{PR}(1+sT_n)}{sT_n}$ Nachgebende Rückführung: $G_r(s) = \dfrac{s \cdot K_{Pr} T_r}{1+sT_r}$	$K_{PR} = \dfrac{1}{K_{Pr}}$ $T_n = T_r$	$K_{PR} = \dfrac{R_r}{R_e}$ $T_n = R_r C_r$ 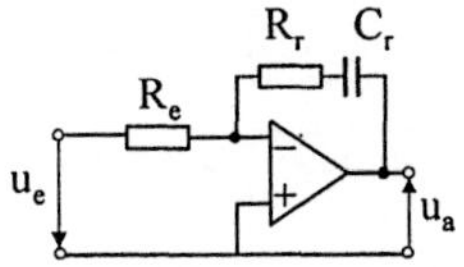
PD-Regler: $G_R(s) = -K_{PR}(1+sT_v)$ Verzögerte Rückführung: $G_r(s) = \dfrac{K_{Pr}}{1+sT_r}$	$K_{PR} = \dfrac{1}{K_{Pr}}$ $T_v = T_r$	$K_{PR} = \dfrac{R_r}{R_e}$ $T_v = R_e C_e$ 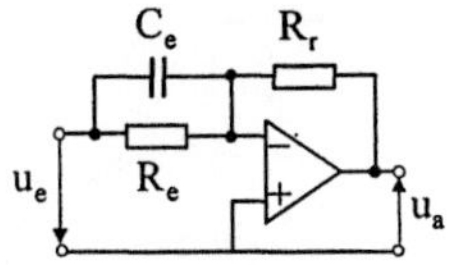
PID-Regler, multiplikative Form: $G_R(s) = -\dfrac{K_{PR}(1+sT_n)(1+sT_v)}{sT_n}$ Nachgebende und verzögerte Rückführung (Reihenschaltung): $G_{r1} = \dfrac{sK_{Pr1}T_{r1}}{1+sT_{r1}}$ $G_{r2} = \dfrac{K_{Pr2}}{1+sT_{r2}}$	$K_{PR} = \dfrac{1}{K_{Pr}} = \dfrac{1}{K_{Pr1}K_{Pr2}}$ $T_n = T_{r1}$ $T_v = T_{r2}$	$K_{PR} = \dfrac{R_r}{R_e}$ $T_n = R_r C_r$ $T_v = R_e C_e$ 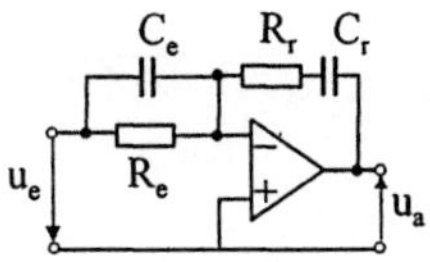

1.5 Ausgewählte statische Kennlinien

Kategorie	Typbezeichnung	Graphische Darstellung	Analytische Beschreibung
Linear *L1*	Lineares Glied	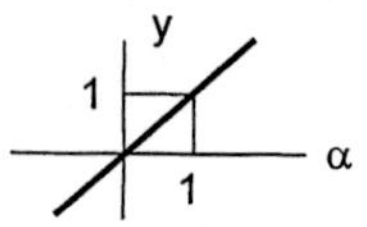	$y = k \cdot \alpha$ (hier: $k = 1$)
Linear *L2*	Begrenzungs-kennlinienglied	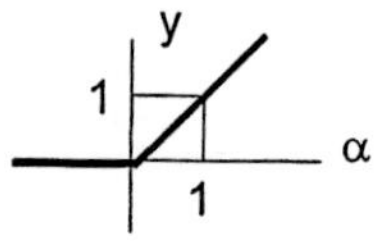	$y = k \cdot \alpha$ für $\alpha > 0$ $y = 0$ für $\alpha \leq 0$ (hier: $k = 1$)
Linear *L3*	Begrenzungs-kennlinienglied	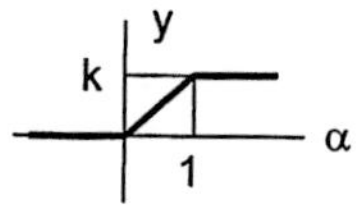	$y = k$ für $\alpha > 1$ $y = k$ für $0 < \alpha < 1$ $y = 0$ für $\alpha \leq 0$
Zweipunkt *Z1*	Zweipunktglied ohne Schaltdifferenz	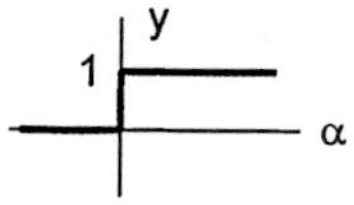	$y = 1$ für $\alpha > 0$ $y = 0$ für $\alpha \leq 0$
Zweipunkt *Z2*	Zweipunktglied ohne Schaltdifferenz	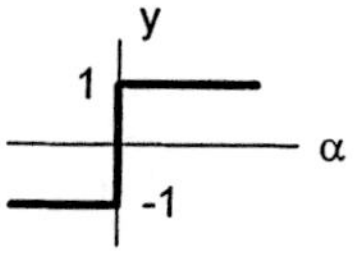	$y = +1$ für $\alpha > 0$ $y = -1$ für $\alpha \leq 0$
Zweipunkt *Z3*	Zweipunktglied mit Schaltdifferenz	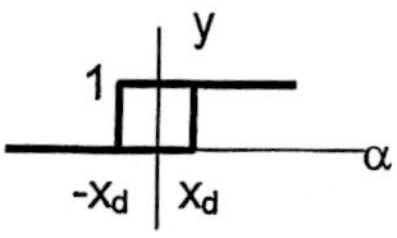	$y = 0$ für $-x_d < \alpha < x_d$ und $\dot{\alpha} > 0$ $y = 1$ für $-x_d < \alpha < x_d$ und $\dot{\alpha} < 0$
Sigmoid *S1*	Sigmoid	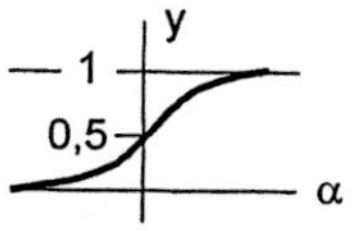	$y = \frac{1}{1 + e^{-\alpha}}$ $\dot{y} = y \cdot (1 - y)$
Sigmoid *S2*	Sigmoid	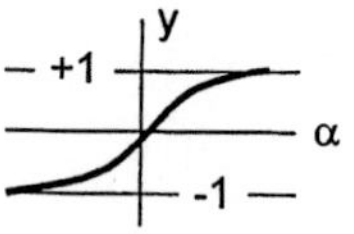	$y = \frac{1 - e^{-\alpha}}{1 + e^{-\alpha}}$

2 Lineare Regelung

2.1 Bauglieder des Regelkreises

2.1.1 Winkelregelung einer Antenne

①②

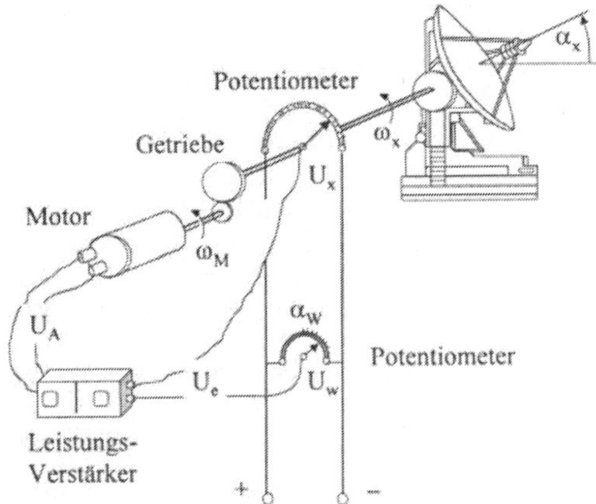

Bild 2.1 Prinzipskizze einer Winkelregelung

Die Winkellage einer Antenne wird, wie die Skizze im Bild 2.1 zeigt, entsprechend dem Sollwert α_w durch einen Gleichstrommotor eingestellt.

Der aktuelle Winkel α_x wird durch ein Potentiometer in die Spannung U_x umgewandelt und mit dem Sollwert U_w verglichen.

Die verstärkte Spannungsdifferenz $U_e = U_w - U_x$ dient zur Ansteuerung des Motors.

Skizzieren Sie den Wirkungsplan des Regelkreises.

2.1.2 Feder-Dämpfer-System (1)

①②③

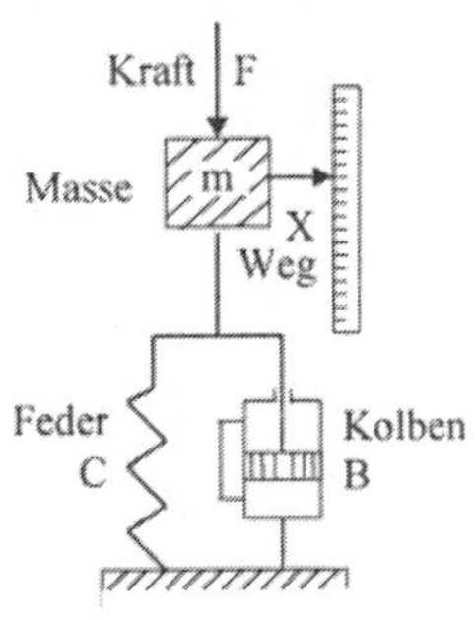

Bild 2.2 Prinzipskizze der Strecke

Die Skizze (Bild 2.2) zeigt ein mechanisches System als Regelstrecke. Die Ein- und Ausgangsgrößen sind die Kraft $F(t)$ und der Weg $X(t)$ der Masse m.

Aus dem Kräftegleichgewicht erhält man folgende DGL bei der Änderung der Kraft:

$$m \cdot \ddot{x}(t) + B \cdot \dot{x}(t) + C \cdot x(t) = f(t),$$

wobei B und C Konstanten sind.

Skizzieren Sie einen Wirkungsplan dieses Systems.

2.1.3 Feder-Dämpfer-System (2) ①②③

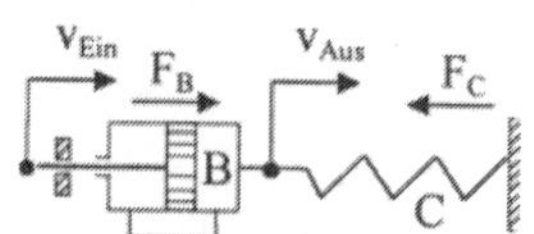

Bild 2.3 Prinzipskizze

Skizzieren Sie einen Wirkungsplan des im Bild 2.3 dargestellten mechanischen Systems mit dem Eingang V_{Ein} und Ausgang V_{Aus} nach folgenden Gleichungen mit B und C als Konstanten: Kolben: $F_B = B \cdot (V_{Ein} - V_{Aus})$

Feder: $F_C = C \cdot \int V_{Aus} \cdot dt$

2.1.4 Lageregelung eines Magnetschwebekörpers ①②③④

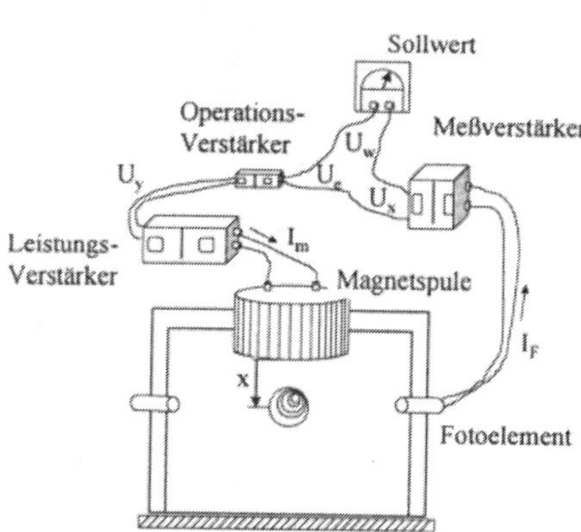

Bild 2.4 Prinzipskizze der Lageregelung

Eine Eisenkugel mit der Masse m soll durch die Magnetkraft eines Elektromagneten in einer gewünschten Position X gehalten werden (Bild 2.4). Die Position der Kugel wird mit Hilfe von Infrarot-Diode und Fotoelement gemessen. Der vom Fotoelement erzeugte Lichtstrom I_F wird mit einem Operationsverstärker in eine Spannung U_x umgeformt. Der Strom I_m des Permanentmagneten wird durch einen Leistungsverstärker erzeugt, der durch das Stellsignal eines Operationsverstärkers U_y angesteuert wird.

- Im stationären Schwebezustand befindet sich die Magnetkraft F_m der Magnetspule im Gleichgewicht mit der Gewichtskraft: $F_{m0} = P_m = m \cdot g$, wobei g die Erdbeschleunigung ist. Das dynamische Verhalten der Kugel entspricht dem Newton'schen Gesetz und hat im Magnetfeld ein instabiles Verhalten.

Skizzieren Sie den Wirkungsplan des Regelkreises für kleine Abweichungen vom stationären Zustand. Dabei sollen folgende Eigenschaften berücksichtigt werden:

- Die Magnetkraft wird durch die folgende linearisierte Gleichung für kleine Abweichungen vom Arbeitspunkt beschrieben: $f_m = K_i \cdot i_m - K_x \cdot x$, wobei K_i und K_x positive konstante Koeffizienten sind.
- Der Operationsverstärker ist wie ein PID-Regler beschaltet.
- Operations- und Leistungsverstärker arbeiten ohne Zeitverzögerung und invertieren die Eingangsspannung. Der Meßverstärker, der auch ein Proportionalglied ist, wirkt dagegen nicht invertierend.

2.1.5 Winkelgeschwindigkeitsregelung einer Windkraftanlage 

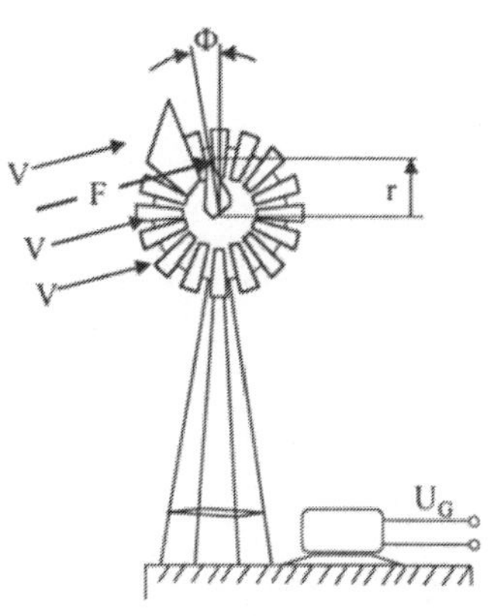

Bild 2.5 Prinzipskizze der Windkraftanlage

Die aus der Windströmung resultierende Kraft $F(t)$ wirke konzentriert am Rotorblatt einer Windkraftanlage im Abstand r (Bild 2.5). Das Rotorblatt ist mit dem Winkel $\Phi(t)$ gegenüber der Rotationsachse angestellt. Das Lastmoment $M_{\mathrm{L}}(t)$ und die Ausgangsspannung $U_{\mathrm{G}}(t)$ sind proportional zu der Rotationsgeschwindigkeit $\Omega(t)$:

$$M_{\mathrm{L}}(t) = K_M \cdot \Omega(t)$$

Durch Linearisierung für kleine Abweichungen vom Arbeitspunkt lassen sich die wirksame Kraft und die Rotationsgeschwindigkeit durch folgende Gleichungen mit den Konstanten K_{i} beschreiben:

$$f(t) = K_{\mathrm{v}} \cdot v(t) + K_{\varphi} \cdot \varphi(t)$$

$$J \cdot \dot{\omega}(t) = K_{\mathrm{F}} \cdot f(t) - m_{\mathrm{L}}(t)$$

Ein PID-Regler soll die Winkelgeschwindigkeit $\Omega(t)$ durch Einstellung des Winkels Φ mit einem Motor stabilisieren.

Entwerfen Sie einen Wirkungsplan der Winkelgeschwindigkeitsregelung.

2.1.6 Lageregelung eines Roboterarmes ①②③

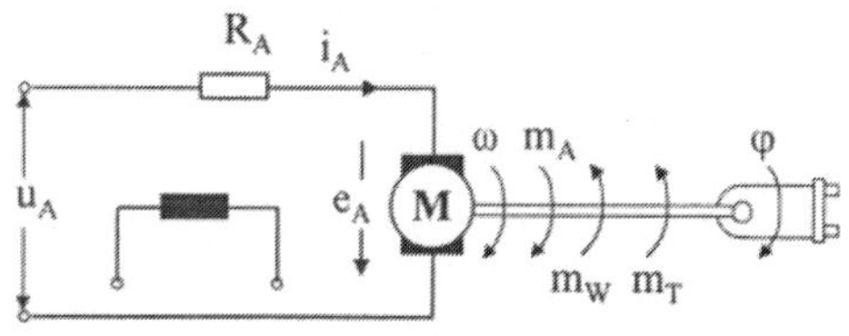

Bild 2.6 Prinzipskizze eines Roboterarmes

Skizzieren Sie den Wirkungsplan einer durch Gleichstrommotor angetriebenen Strecke (Bild 2.6), deren Winkeleinstellung φ mit einem PD-Regler erfolgt.

Die linearisierten Gleichungen der Strecke mit den Konstanten K_{i} sind:

$$u_{\mathrm{A}}(t) = R_{\mathrm{A}} \cdot i_{\mathrm{A}}(t) + e_{\mathrm{A}}(t)$$

$$e_{\mathrm{A}}(t) = K_1 \cdot \dot{\varphi}(t)$$

Antriebsmoment: $m_{\mathrm{A}}(t) = K_{\mathrm{A}} \cdot i_{\mathrm{A}}(t)$

Widerstandsmoment: $m_{\mathrm{W}}(t) = K_{\mathrm{W}} \cdot \dot{\varphi}(t)$

Trägheitsmoment: $m_{\mathrm{T}}(t) = K_{\mathrm{T}} \cdot \ddot{\varphi}(t)$

Momentengleichgewicht: $m_{\mathrm{A}}(t) = m_{\mathrm{W}}(t) + m_{\mathrm{T}}(t)$

2.2 Statische Kennlinien

2.2.1 Lineare Regelstrecke ①

Frage: Wie groß ist der Proportionalbeiwert K_{PS} ?

Gegeben ist:

Statische Kennlinie

Y → K_{PS} → X

X(V): 4, 2; 0, 1, 2 Y (mm)

	Antwort:
a	2 V/mm
b	1 V/mm
c	1 mm/V
e	0,5 V/mm
f	Alle falsch

2.2.2 Linearisierte Regelstrecke ①

Frage: Welche Dimension hat der Proportionalbeiwert K_{Py} ?

Gegeben ist:

Kennlinie der Regelstrecke

Y → K_{Py} → X

X(°C): 40, 20; 0, 2, 4 Y (V)

	Antwort:
a	V/°C
b	°C/V
c	V
d	Dimensionslos
e	Alle falsch

2.2.3 Arbeitspunkt ①

Frage: In welchem Arbeitspunkt befindet sich die Strecke beim Stellverhalten (Z ist konstant), wenn K_{Py} = 1°C/mm ist?

Gegeben:

Kennlinien-Feld der Regel-Strecke

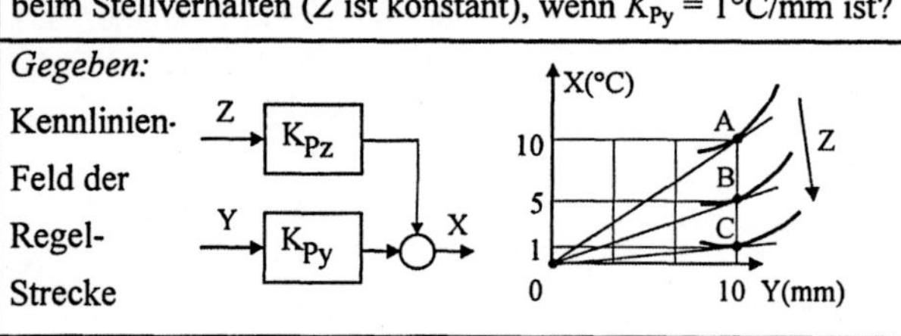

	Antwort:
a	Punkt A
b	Punkt B
c	Punkt C
d	Punkt 0
e	Alle falsch

2.2.4 DGL und statische Kennlinie ①

Frage: Wie groß ist X (Regelgröße) im Arbeitspunkt ?

Gegeben sind: Die nichtlineare DGL der Regelstrecke:

$$2{,}5 \cdot \ddot{X}(t) + 3 \cdot \dot{X}(t) + 4{,}5 \cdot X(t) = 9 \cdot Y^2(t)$$

Die Stellgröße im Arbeitspunkt: $Y_0 = 3$

	Antwort:
a	$X_0 = 81$
b	$X_0 = 27$
c	$X_0 = 18$
d	Alle falsch

2.3 Linearisierung

2.3.1 Graphische Linearisierung: Stellverhalten ①

Frage: Wie groß ist K_{Py2}, wenn B der Arbeitspunkt ist ?

Gegeben sind: $K_{Py1} = 2$ und Kennlinienfeld

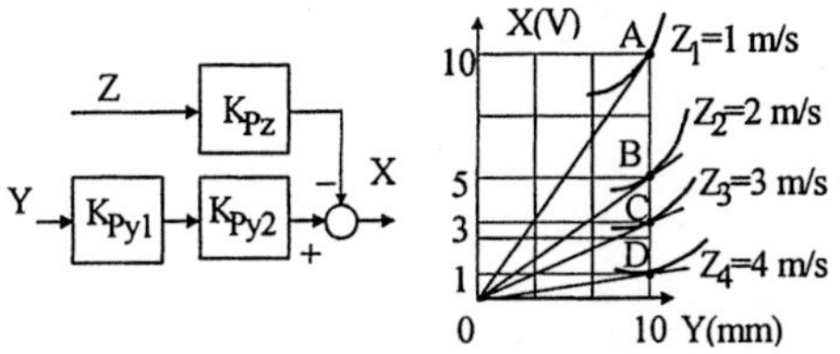

	Antwort:
a	0,5 mm/V
b	0,25 mm/V
c	0,25
d	0,5
e	0,5 V/mm
f	0,25 V/mm

2.3.2 Graphische Linearisierung: Störverhalten ①

Frage: Wie groß ist K_{Pz}, wenn B der Arbeitspunkt ist ?

Gegeben sind: Wirkungsplan und Kennlinienfeld

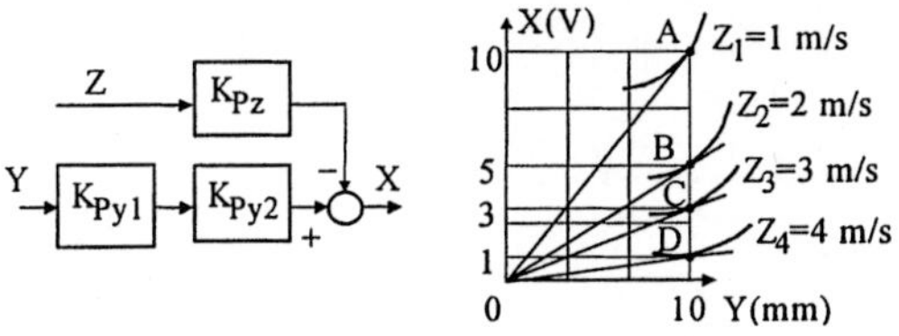

	Antwort:
a	2,0 Vsec/m
b	3,0 Vsec/m
c	3,5 Vsec/m
d	4,5 Vsec/m
e	5,0 Vsec/m
f	Alle falsch

2.3.3 Analytische Linearisierung ①

Frage: Wie groß sind K_{Py} und K_{Pz} der linearisierten Regelstrecke $x = K_{Py} \cdot y + K_{Pz} \cdot z$?

Gegeben sind: Kennlinienfeld der Regelstrecke: $X = 10 \cdot Y \cdot Z$ und Arbeitspunkt: $Y_0 = 1$ und $Z_0 = 1$

	Antwort:	
	K_{Py}	K_{Pz}
a	100	100
b	10	10

2.3.4 Proportionalbeiwerte im Arbeitspunkt ①

Frage: In welchem Arbeitspunkt befindet sich die linearisierte Regelstrecke $x = K_{Py} \cdot y + K_{Pz} \cdot z$?

Gegeben ist: Kennlinienfeld der Regelstrecke $X = \frac{1}{Y} \cdot Z$

mit Parametern $K_{Py} = -2$ und $K_{Pz} = 0{,}1$

	Antwort:	
	Y_0	Z_0
a	200	10
b	10	0,476
c	10	200

2.4 Reeller Regelfaktor

2.4.1 Führungsverhalten ①

Frage: Wie groß ist der reelle Regelfaktor $R_F(0)$?
Gegeben sind: Eingangssprung der Führungsgröße $w = 0{,}5$ Und Sprungantwort Des Regelkreises $x(t)$

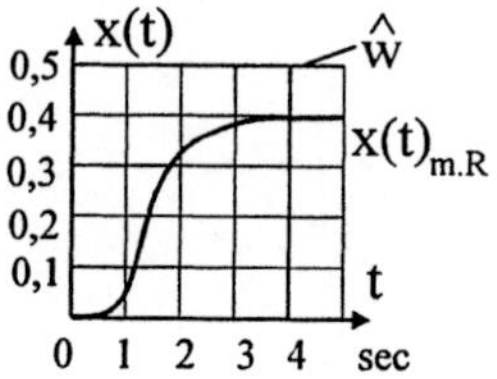

	Antwort:
a	1,25
b	0,8
c	0,25
d	0,2
e	0
f	Alle falsch

2.4.2 Störverhalten ①

Frage: Wie groß ist der reelle Regelfaktor $R_F(0)$?
Gegeben sind: Sprungantworten des Regelkreises mit und Ohne Regler beim Störverhalten

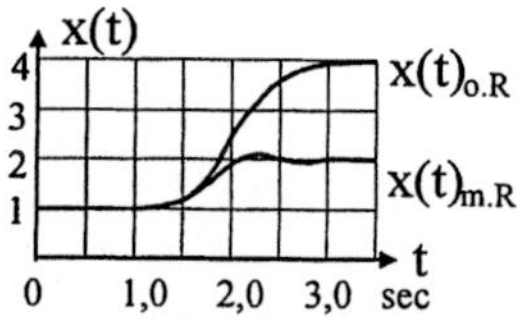

	Antwort:
a	2
b	3
c	½
d	1/3
e	Alle falsch

2.4.3 Kreisverstärkung ①

Frage: Mit welchem K_{PR} wird $R_F(0) = 0{,}5$ erreicht ?
Gegeben ist: Wirkungsplan Des Regelkreises mit $K_{PSy} = 2$

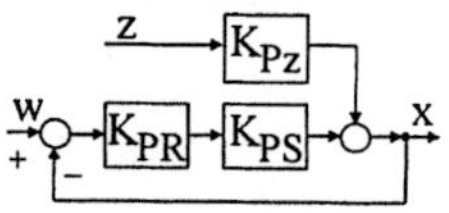

	Antwort:
a	2
b	1
c	0,5
d	0,25

2.4.4 Kennlinie des Reglers ①

Frage: Welcher Regler hat den kleinsten Regelfaktor $R_F(0)$?

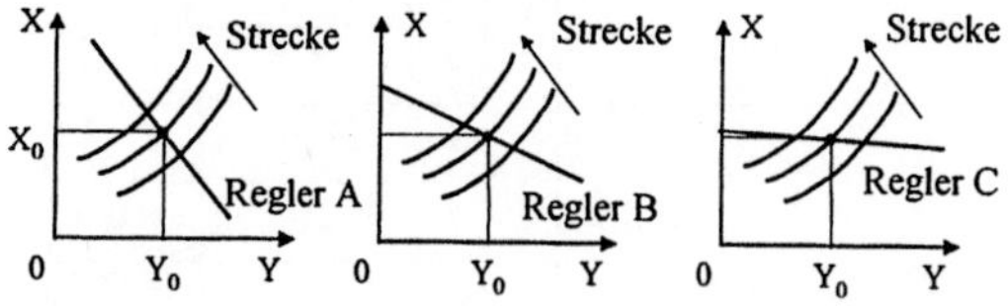

	Antwort:
a	Regler A
b	Regler B
c	Regler C
d	Alle sind gleich
e	Alle $R_F(0) = 0$

2.5 Aufstellen von Differentialgleichungen

2.5.1 Winkelgeschwindigkeitsregelung (Drehzahlregelung) ①②③

Es soll die Winkelgeschwindigkeit Ω(t) einer durch einen Gleichstrommotor angetriebenen Drehbank mit einem P-Regler geregelt werden. Die Stellgröße ist die Ankerspannung $U_A(t)$, die Störgröße ist das Bremsmoment $M_B(t)$.

Die für kleine Abweichungen vom Arbeitspunkt linearisierten Gleichungen der Regelstrecke sind:

$$m_A(t) = K_A \cdot i_A(t)$$
$$m_T(t) = K_T \cdot \dot{\omega}(t)$$

wobei $m_A(t)$ und $m_T(t)$ – das Antriebs- und das Massenträgheitsmoment vom Motor mit entsprechenden Motorkonstanten K_A und K_T sind. Es gilt das Momentengleichgewicht:

$$m_A(t) = m_T(t) + m_B(t)$$

Der Ankerstrom des Motors $i_A(t)$ mit dem Widerstand R_A und der vernachlässigbar kleinen Induktivität wird durch folgende Gleichung beschrieben:

$$i_A(t) = \frac{1}{R_A} \cdot u_A(t) - K_u \cdot \omega(t)$$

wobei die Konstante K_u die im Anker induzierte Spannung berücksichtigt.

Stellen Sie die DGL des Regelkreises auf.

2.5.2 Schwebekörper im Magnetfeld ①②③④

Die Regelstrecke besteht aus einer Kugel, die von einer Magnetspule angezogen wird. Die Regelgröße ist die Lage X(t) der Kugel. Die Stellgröße ist die Spannung U_y(t) am Eingang des Leistungsverstärkers mit dem Verstärkungsgrad K_V(t), der die Spannung U_m(t) und den Strom I_m(t) der Magneten ansteuert.

Im stationären Schwebezustand befindet sich die Magnetkraft F_m der Magnetspule im Gleichgewicht mit der Gewichtskraft: $F_{m0} = P_m = m \cdot g$, wobei g die Erdbeschleunigung ist.

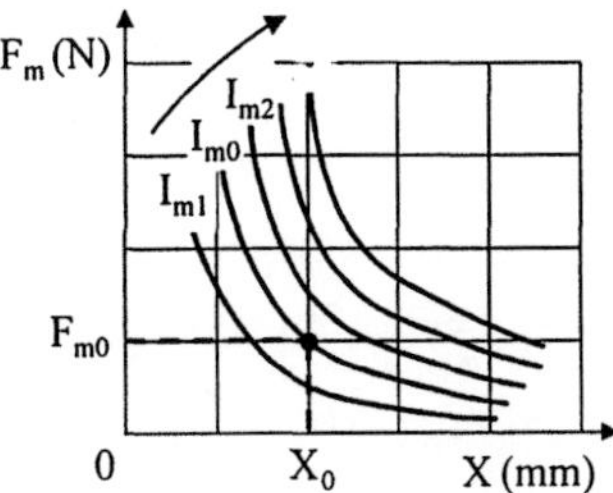

Das dynamische Verhalten der Kugel entspricht dem Newton'schen Gesetz. Das Kennlinienfeld der Magnetspule ist im Bild 2.7 dargestellt. Der elektrische Kreis der Magnetspule besteht aus einer Induktivität L_m und einem Widerstand R_m.

Bestimmen Sie die Übertragungsfunktion der Regelstrecke.

Bild 2.7 Kennlinienfeld der Magnetspule mit dem Arbeitspunkt X_0, F_{m0}.

2.5.3 Rotorgeschwindigkeitsregelung einer Windkraftanlage ①②③

Durch die Einstellung des Winkels $\Phi(t)$ zwischen Rotorblatt und Rotorachse einer Windkraftanlage soll die Drehgeschwindigkeit $\Omega(t)$ mit einem PI-Regler geregelt werden. Die Störgröße ist die Windgeschwindigkeit $V(t)$.

Die vereinfachte mathematische Beschreibung der Regelstrecke ist:

$$F(\mathrm{t}) = K_1 \cdot V^2(\mathrm{t}) \cdot \sin^2 \Phi(\mathrm{t})$$

$$M_{\mathrm{L}}(t) = K_2 \cdot \Omega(t)$$

$$J \cdot \dot{\Omega}(t) = 2 \cdot r \cdot F(t) - M_{\mathrm{L}}(t)$$

wobei sind: $F(t)$ – Windkraft, die am Rotorblatt im Abstand r wirkt

$M_{\mathrm{L}}(t)$ – Lastmoment des Generators

J – Trägheitsmoment der rotierenden Teile

K_1, K_2 – Konstanten

a) Stellen Sie die linearisierte Differentialgleichung der Regelstrecke für kleine Abweichungen vom Arbeitspunkt Ω_0 und F_0 auf.

b) Bestimmen Sie die Übertragungsfunktion des Regelkreises für das Störverhalten.

2.5.4 Temperaturregelung eines Reaktors ①②③④⑤

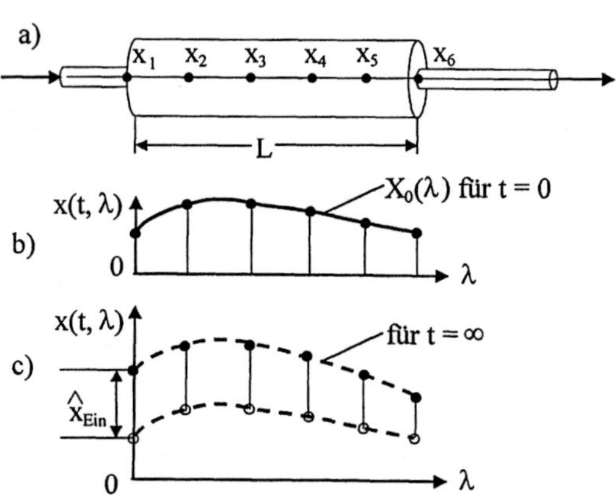

Die vereinfachte Darstellung eines chemischen Reaktors in Form eines Rohres ist im Bild 2.8a dargestellt. Die Temperatur X der Reaktionszone ändert sich mit der Länge λ und wird in 6 Punkten gemessen. Da der Radius des Rohres vernachlässigbar klein im Vergleich zur Länge ist, werden die Temperaturänderungen in Querrichtung nicht berücksichtigt.

Bild 2.8 Strecke mit verteilten Parametern, DGL 1.Ordnung

Das Temperaturprofil $X_0(\lambda)$ ist zu Beginn der Regelung gegeben (Bild 2.8b). Mit der Zeit ändern sich die Temperaturwerte an verschiedenen Stellen des Rohres i = 1,2..6 (Bild 2.8c). Der Temperaturverlauf wird damit als eine Funktion $X(\mathrm{t},\lambda)$ zweier Variablen betrachtet. Die Stellgröße ist der Temperatursprung am Anfang des Reaktors $X_{\mathrm{ein}} = X_0(0,0)$.

Die Regelgrößen sind die Sprungantworten an den Meßpunkten $X_2(\mathrm{t}, \lambda_1)$, ... $X_6(\mathrm{t}, \lambda_6)$.

Der Temperaturverlauf wird mit einer DGL mit partiellen Ableitungen 1.Ordnung und einer nichtlinearen Funktion F beschrieben:

$$\frac{\partial X(t,\lambda)}{\partial \lambda} + T \cdot \frac{\partial X(t,\lambda)}{\partial t} = F[X(t,\lambda)]$$

Nach Linearisierung und Laplace-Transformation für kleine Abweichungen vom Arbeitspunkt entsteht die DGL

$$T \cdot \dot{x}(s,\lambda) + x(s,\lambda) = K \cdot x_{\mathrm{Ein}}(s)$$

und die Übertragungsfunktion mit Kennwerten, die von der Länge λ abhängig sind:

$$G(s,\lambda) = \frac{K(\lambda)}{1 + sT(\lambda)}$$

Bestimmen Sie die Übertragungsfunktionen der Regelstrecke für alle Ausgänge.

2.5.5 Temperaturregelung eines Induktionsofens ①②③④⑤

Ein massiver Zylinder der Länge L befindet sich in einem induktiv beheizten Ofen. Die Temperatur im Ofen wird durch zwei Koordinaten definiert: die aktuelle Länge λ und die Zeit t (Bild 2.9).

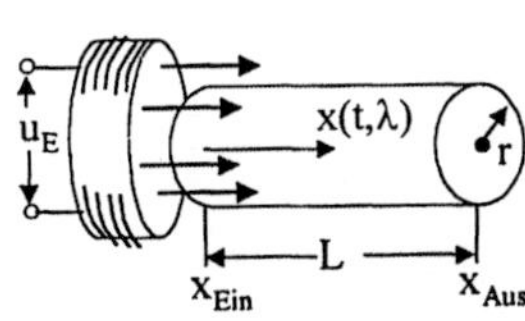

Bild 2.9 Strecke mit irrationaler Übertragungsfunktion

Da der Radius des Ofens $r \ll L$ ist, werden die Änderungen der Temperatur in Querrichtung vernachlässigt.

Die Regelgröße ist die Temperatur $X(t, \lambda)$ am Ende des Zylinders bei $\lambda = L$, die als Ausgangstemperatur bezeichnet wird: $X_{\mathrm{Aus}} = X(t, L)$.

Die Stellgröße ist die Spannung des Heizelementes $U_{\mathrm{E}}(t)$. Es sei angenommen, daß die Spannungsänderungen ohne Verzögerung auf der Vorderseite des Zylinders wirken, d.h. $X_{\mathrm{Ein}} = X(t,0) = K_{\mathrm{u}} \cdot U_{\mathrm{E}}(t)$.

Die Temperaturverteilung $X_0 = X(0,\lambda)$ im Anfangszustand $t = 0$ ist gegeben, wobei die Anfangs- und Endbedingungen für X_{Aus} bei $\lambda = L$ sind: $X(0,L) = 0$ und $X(\infty,L) = 0$.

Die Temperatur verbreitet sich durch den Zylinder nach der folgenden DGL 2.Ordnung mit partiellen Ableitungen aus:

$$\frac{\partial^2 X(t,\lambda)}{\partial \lambda^2} = T_1 \cdot \frac{\partial X(t,\lambda)}{\partial t}$$

Bestimmen Sie die Übertragungsfunktion der Regelstrecke.

2.6 Wirkungsplan

2.6.1 Grundstrukturen ①

Frage: Welche Übertragungsfunktion $G_0(s)$ gilt für den offenen Regelkreis ?

Gegeben ist:

Wirkungsplan

Antwort: a	b	c	d	e
$G_0 = G_1 G_2 G_3$	$G_0 = -G_1 G_2 G_3 + 1$	$G_0 = G_1 G_2 (G_3 - 1)$	$G_0 = -G_1 G_2 G_3$	Alle falsch

2.6.2 Offener und geschlossener Wirkungsweg ①

Frage: Welche Übertragungsfunktion $G_z(s)$ gilt für das Störverhalten ?

Gegeben ist:

Wirkungsplan

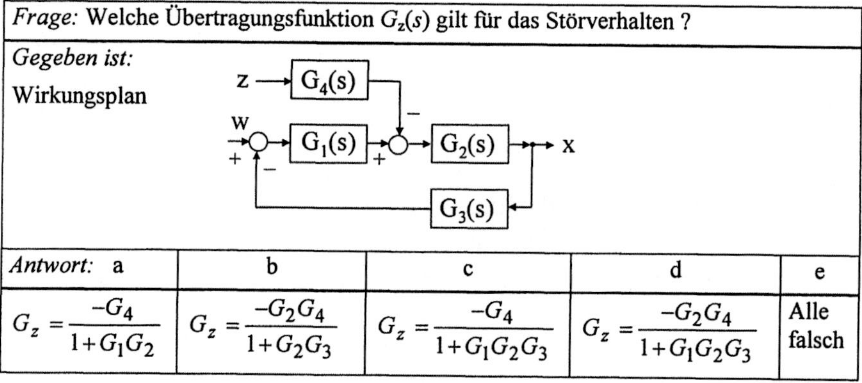

Antwort: a	b	c	d	e
$G_z = \frac{-G_4}{1+G_1 G_2}$	$G_z = \frac{-G_2 G_4}{1+G_2 G_3}$	$G_z = \frac{-G_4}{1+G_1 G_2 G_3}$	$G_z = \frac{-G_2 G_4}{1+G_1 G_2 G_3}$	Alle falsch

2.6.3 Vereinfachung des Wirkungsplanes ①

Frage: Welche Übertragungsfunktion $G_z(s)$ gilt für das Störverhalten ?

Gegeben ist:

Wirkungsplan

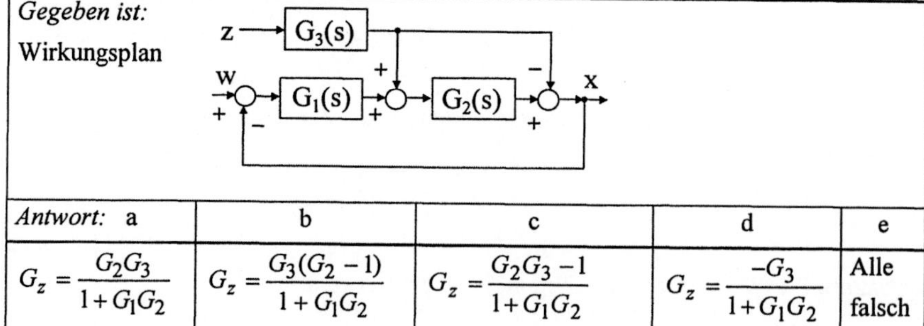

Antwort: a	b	c	d	e
$G_z = \frac{G_2 G_3}{1+G_1 G_2}$	$G_z = \frac{G_3 (G_2 - 1)}{1+G_1 G_2}$	$G_z = \frac{G_2 G_3 - 1}{1+G_1 G_2}$	$G_z = \frac{-G_3}{1+G_1 G_2}$	Alle falsch

2.6.4 Störverhalten ①

Frage: Welche Übertragungsfunktion $G_z(s)$ gilt für das Störverhalten ?				
Gegeben ist: Wirkungsplan 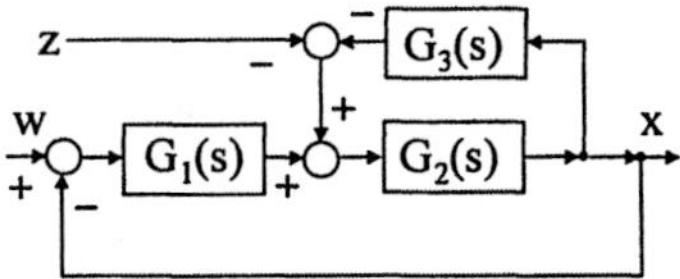				
Antwort: a	b	c	d	e
$G_z = \frac{-G_2 - G_3}{1 + G_1 G_2}$	$G_z = \frac{-G_2}{1 + G_1 G_2 G_3}$	$G_z = \frac{-G_2}{1 + G_1 G_2 + G_2 G_3}$	$G_z = \frac{-G_2}{1 + G_1}$	Alle falsch

2.6.5 Führungsverhalten ①

Frage: Welche Übertragungsfunktion $G_w(s)$ gilt für das Führungsverhalten ?			
Gegeben ist: Wirkungsplan 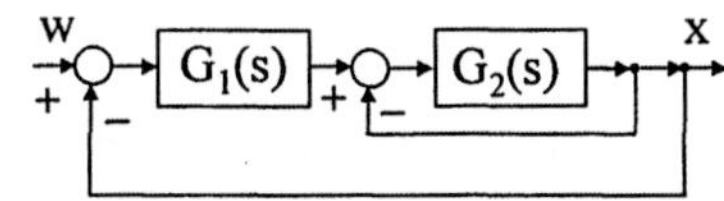			
Antwort: a	b	c	d
$G_w = \frac{G_1 G_2}{1 + G_1 G_2}$	$G_w = \frac{G_1 (1 + G_2)}{1 + G_1 G_2}$	$G_w = \frac{G_1 G_2}{1 + G_2 + G_1 G_2}$	Alle falsch

2.6.6 Führungs- und Störverhalten ①

Frage: Welche Übertragungsfunktion gilt für den Block $G_{Sz}(s)$?				
Gegeben sind: Wirkungsplan sowie Führungs- und Störübertragungsfunktion: $G_w(s) = \frac{1}{(1 + s \cdot 5\sec)^2}$ $G_z(s) = \frac{1}{(1 + s \cdot 5\sec)^2}$ 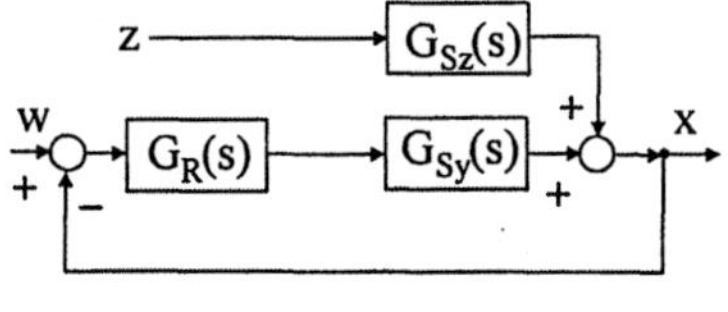				
Antwort: a	b	c	d	e
$G_{Sz} = \frac{1}{1 + s \cdot 5\sec}$	$G_{Sz} = \frac{1}{s \cdot (1 + s \cdot 5\sec)}$	$G_{Sz} = \frac{1}{10s(1 + s \cdot 2{,}5\sec)}$	Keine Lösung möglich	Weitere Lösungen möglich

2.6.7 Komplexer Regelfaktor ①②

Frage: Welche Übertragungsfunktion gilt für den Block $G_3(s)$?

Gegeben sind: Wirkungsplan und Beziehung zwischen Führungs- und Störübertragungsfunktion:

$$G_z(s) = s \cdot G_w(s)$$

Regelfaktor: $R_F(j\omega) = \frac{(j\omega)^2 + j\omega}{(j\omega)^2 + j\omega + 1}$

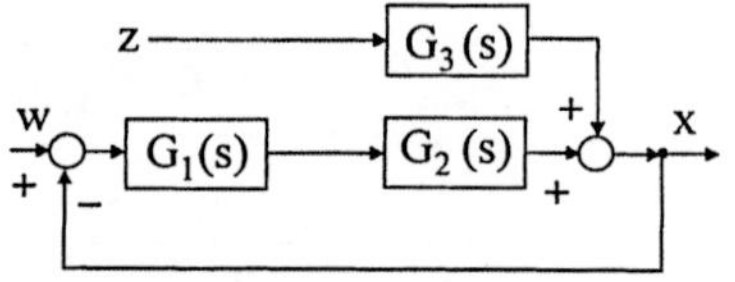

Antwort: a	b	c	d	e
$G_3 = \frac{1}{s}$	$G_3 = \frac{1}{1+s}$	$G_3 = \frac{1}{s \cdot (1+s)}$	$G_3 = \frac{1}{s^2 + s + 1}$	Alle falsch

2.6.8 Überlagerungsprinzip ①

Frage: Welche Übertragungsfunktion $G_w(s)$ gilt für das Führungsverhalten ?

Gegeben ist:

Wirkungsplan

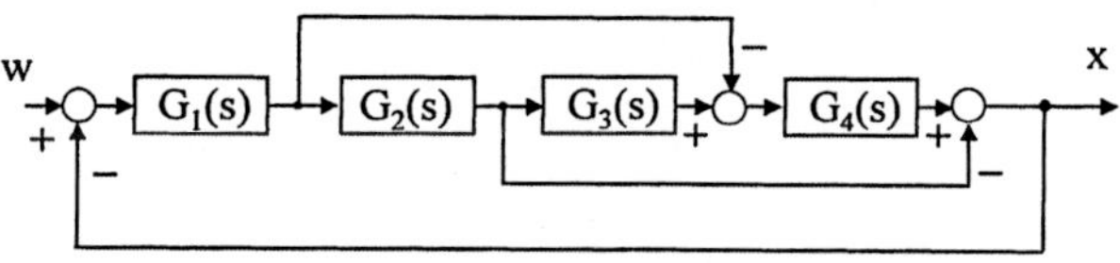

Antwort: a	b	c
$G_w = \frac{G_1[(G_2G_3 - 1)G_4 - G_2]}{1 + G_1[(G_2G_3 - 1)G_4 - G_2]}$	$G_w = \frac{G_1(G_2G_3 - 1)(G_3G_4 - 1)}{1 + G_1(G_2G_3 - 1)(G_3G_4 - 1)}$	Alle falsch

2.6.9 Umformung des Wirkungsplanes ①②

Frage: Welche Übertragungsfunktion $G_0(s)$ hat der offene Wirkungsweg ?

Gegeben ist:

Wirkungsplan

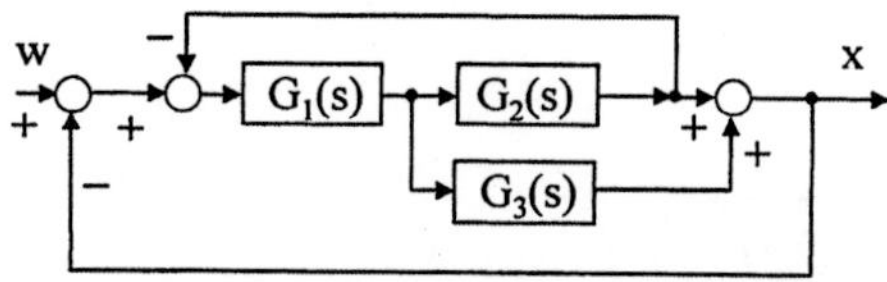

Antwort: a	b	c	d
$G_0 = \frac{G_1G_2(G_2 + G_3)}{1 + G_1G_2}$	$G_0 = \frac{G_1(G_2 + G_3)}{1 + G_1G_2}$	$G_0 = G_1(G_2 + G_3)$	Alle falsch

2.7 Frequenzkennlinien

2.7.1 Amplitudengang ①

Frage : Welcher der unten skizzierten Amplitudengänge des geschlossenen Regelkreises entspricht der gegebenen Übertragungsfunktion $G_0(s)$ des offenen Kreises ?

Gegeben sind: $G_0(s) = \dfrac{K_P}{1+sT}$ und Amplitudengänge

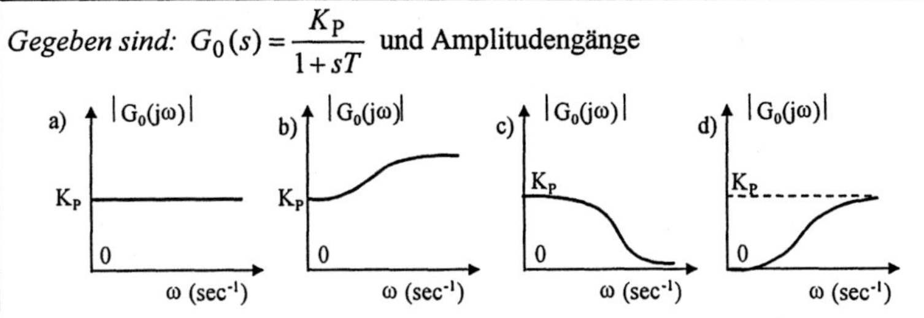

2.7.2 Ortskurve des Frequenzganges ①

Frage: Wie groß ist der Phasenwinkel $\varphi(\omega)$ bei $\omega_1 = 2\text{sec}^{-1}$?

Gegeben sind: Ortskurve und DGL der Regelstrecke:

$T \cdot \dot{x}(t) + x(t) = K_P \cdot y(t)$

mit Parametern:

$K_P = 2$ und $T = 0{,}5\text{sec}$

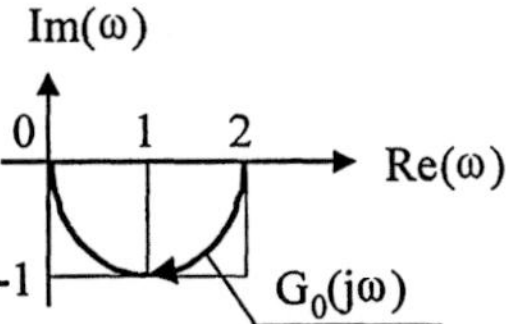

	Antwort:
a	$\varphi(\omega_1) = 0°$
b	$\varphi(\omega_1) = -45°$
c	$\varphi(\omega_1) = -90°$
d	$\varphi(\omega_1) = -180°$
e	Alle falsch

2.7.3 Bode-Diagramm ①

Frage: Wie groß sind Kreisfrequenz, Amplitude und Phasenverschiebung des periodischen Ausgangssignals $x(t)$ gegenüber dem Eingangssignal $y(t)$?

Gegeben sind:

Eingangssignal

$y(t) = 0{,}2 \cdot \sin(10 \cdot t)$

einer Regelstrecke

und

Bode- Diagramm

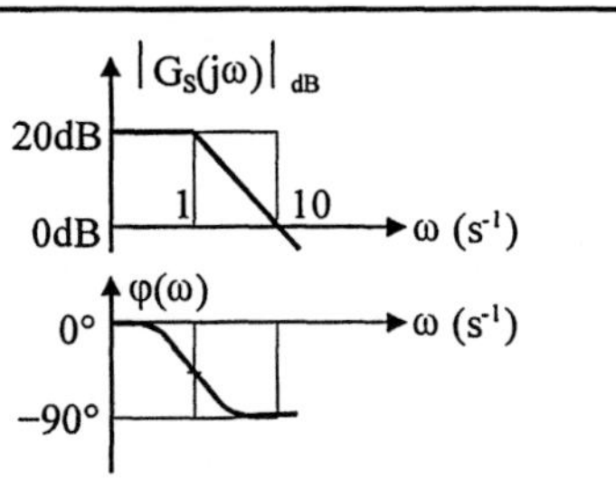

	Antwort:		
	ω	$\lvert G \rvert$	φ
a	0	20	0
b	0,1	10	0
c	1	1	$-\pi/4$
d	10	2	$-\pi/2$
e	1	2	$-\pi/2$
f	0,1	10	$-\pi/4$
g	Alle falsch		

2.7.4 Bode-Diagramm und Ortskurve ①

Frage: Welche der unten skizzierten Ortskurven einer Regelstrecke entspricht dem gegebenen Bode-Diagramm der Strecke?

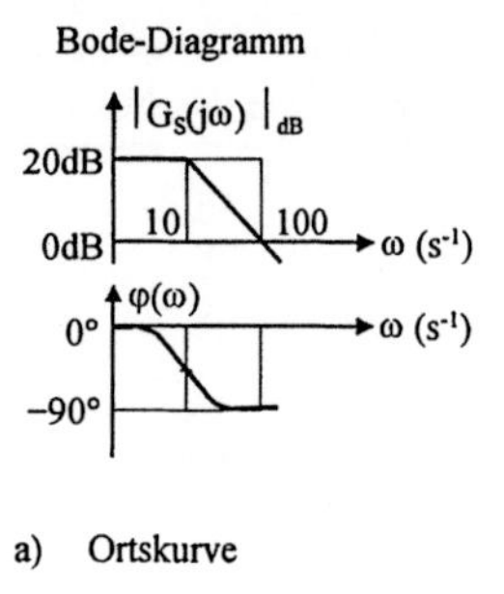

b) Ortskurve

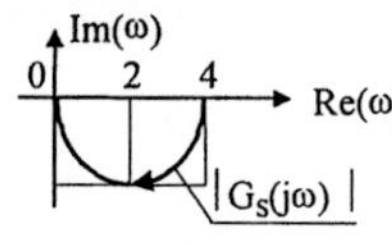

c)

Im(ω)
Gs(jω)
0
5
10
Re(ω)

a) Ortskurve

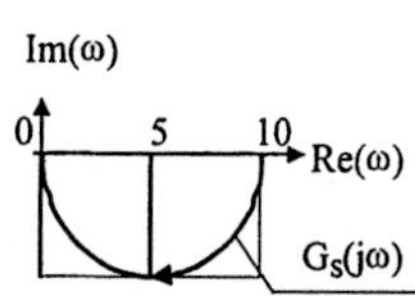

d)

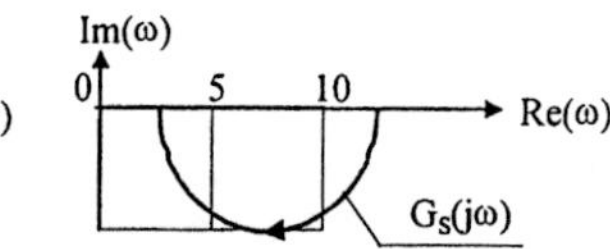

2.7.5 Bode-Diagramm und Sprungantwort ①

Frage: Welche der unten skizzierten Sprungantworten einer Regelstrecke entspricht dem gegebenen Bode-Diagramm der Strecke?

Gegeben sind: Eingangssprung der Stellgröße y = 5

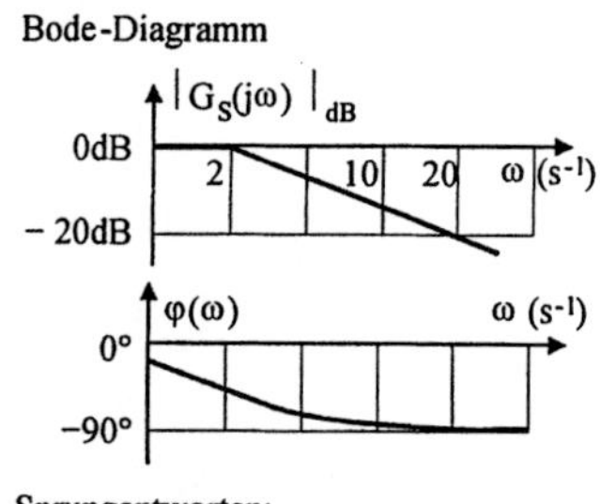

b)

x(t)
20
0
0,5
1,0
t(sec)

c)

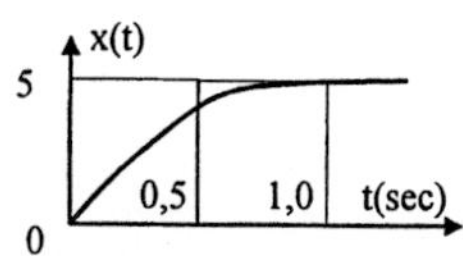

Sprungantworten:

a)

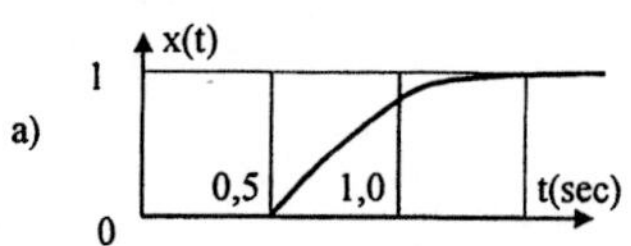

d)

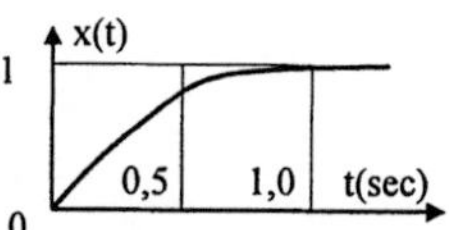

2.8 Sprungantworten

2.8.1 PI-Verhalten

①②

Der Wirkungsplan und die Sprungantwort einer Regelstrecke sind gegeben (Bild 2.10):

Eingangssprung: $\hat{y} = 0{,}5$.

Proportionalbeiwert:

$K_{P2} = 3$.

Bestimmen Sie K_{P1} und die Zeitkonstante T_1.

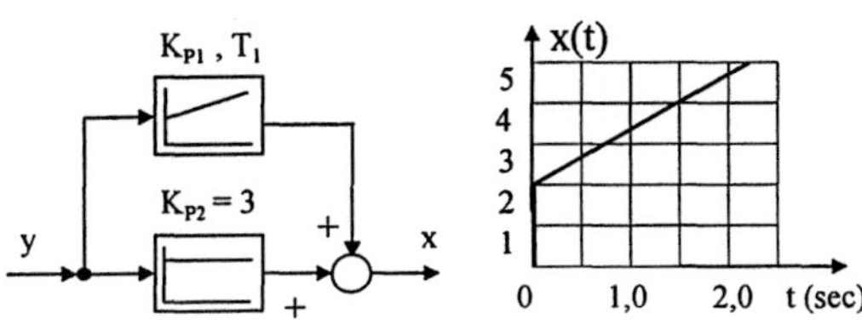

Bild 2.10 Wirkungsplan und Sprungantwort

2.8.2 P-Tt-Verhalten

①②③

Gegeben sind der Wirkungsplan einer Regelstrecke mit der Totzeit T_t = 2sec (Bild 2.11) und die Sprungantwort bei einem Eingangssprung $\hat{y} = 2$.

Bestimmen Sie die Kennwerte der Strecke.

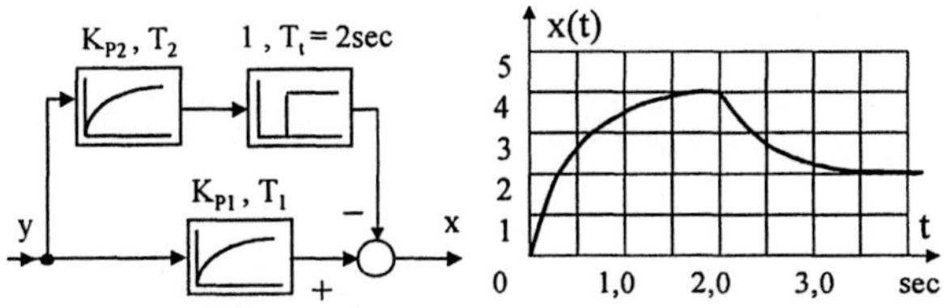

Bild 2.11 Wirkungsplan und Sprungantwort

2.8.3 P-P-T1-Verhalten

①②③

Gegeben sind der Wirkungsplan und die Sprungantwort einer Regelstrecke bei einem Eingangssprung $\hat{y} = 2$ (Bild 2.12).

Bestimmen Sie die Kennwerte der Übertragungsfunktion G_1 (s).

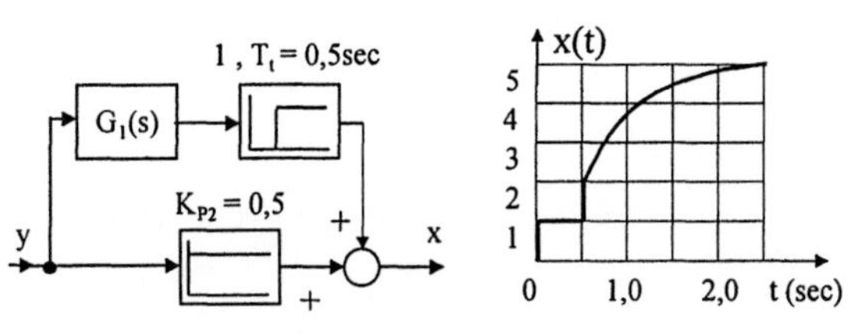

Bild 2.12 Wirkungsplan und Sprungantwort

2.9 Bleibende Regeldifferenz

2.9.1 Störverhalten ①

Frage: Wie groß ist die bleibende Regeldifferenz $e(\infty)$?

Gegeben sind: Wirkungsplan, Eingangssprung und Sprungantwort

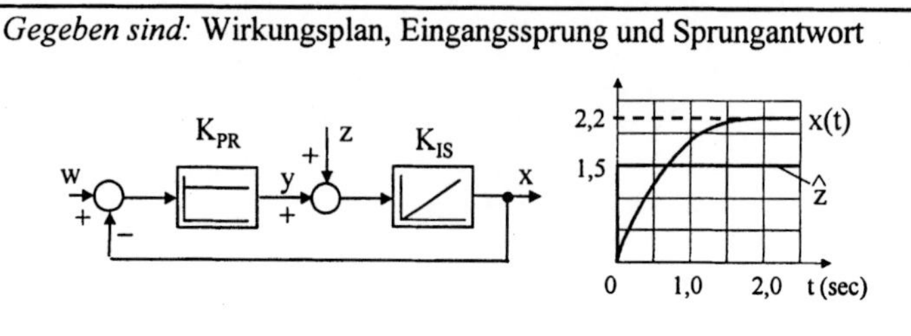

	Antwort:
a	0
b	–0,7
c	+0,7
d	–2,2
e	+2,2
f	Alle falsch

2.9.2 Führungsverhalten ①

Frage: Wie groß ist der Proportionalbeiwert des Reglers K_{PR} ?

Gegeben sind: Wirkungsplan und Sprungantwort bei $\hat{w} = 4$

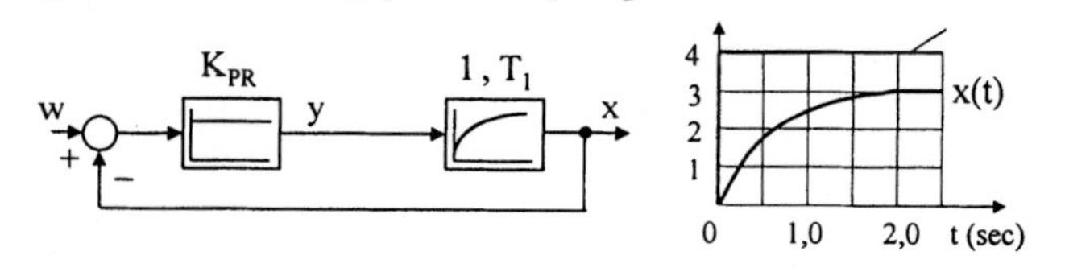

	Antwort:
a	3
b	1/3
c	0,75
d	0,25
e	Alle falsch

2.9.3 Reglereinstellung ①

Frage: Mit welchem $K_{PR} > 0$ wird die Regeldifferenz $|e(\infty)| < 0{,}01$?

Gegeben sind: Störübertragungsfunktion: $G_z(s) = \dfrac{1}{K_{PR} + s}$ und

Eingangssprung der Störgröße: $\hat{z} = 0{,}1$

	Antwort:
a	$K_{PR} > 100$
b	$K_{PR} > 10$
c	Alle falsch

2.9.4 Auswahl des Reglers ①

Frage: Mit welchen Reglertypen wird bei Störverhalten ohne bleibende Regeldifferenz geregelt ?

Gegeben ist:
Wirkungsplan
der Regelstrecke
mit Stellgröße y

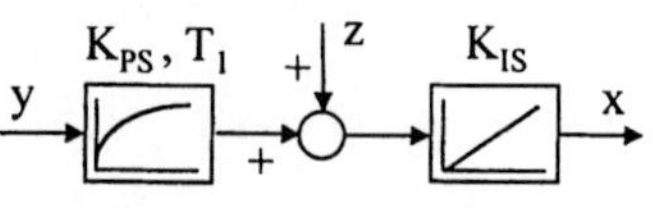

	Antwort:
a	P-
b	I-
c	PD-
d	PI-, PID-

2.10 Stabilitätskriterien

2.10.1 Hurwitz-Kriterium für DGL 2.Ordnung ①②

Gegeben ist die DGL eines geschlossenen Regelkreises

$$T_n \cdot T_1 \cdot \ddot{x}(t) + (K_{PR} \cdot T_1 + T_n) \cdot \dot{x}(t) + (0{,}2 \cdot K_{PR} - 1) \cdot x(t) = K_{PW} \cdot w(t) + K_{PZ} \cdot z(t)$$

mit Kennwerten: $K_{PW} = 3$ $T_1 = 0{,}1\text{sec}$ $T_Z = 0{,}02\text{sec}$

$K_{PZ} = 2$ $T_n = 2\text{ sec}$

Berechnen Sie mit dem Hurwitz-Kriterium den Zahlenwert von K_{PRkrit}, bei dem der Regelkreis auf der Stabilitätsgrenze liegt.

2.10.2 Hurwitz-Kriterium für DGL 3.Ordnung ①②

Die DGL eines geschlossenen Regelkreises mit Parametern $T_n = 2\text{sec}$ und $T_1 = T_2 = 0{,}1\text{sec}$ ist unten dargestellt:

$$T_n \cdot T_1 \cdot T_2 \cdot \dddot{x}(t) + T_n \cdot T_1 \cdot \ddot{x}(t) + T_n \cdot \dot{x}(t) + K_{PR} \cdot x(t) - K_{PW} \cdot w(t) = -K_{PZ} \cdot z(t)$$

Berechnen Sie den Wert von K_{PRkrit}, bei dem der Regelkreis auf der Stabilitätsgrenze liegt.

2.10.3 Stabilitätsgebiet ①②③

Bestimmen Sie die Wertepaare K_{PRkrit} und T_{nkrit}, bei den der im Bild 2.13 gezeigte Regelkreis auf der Stabilitätsgrenze liegt.

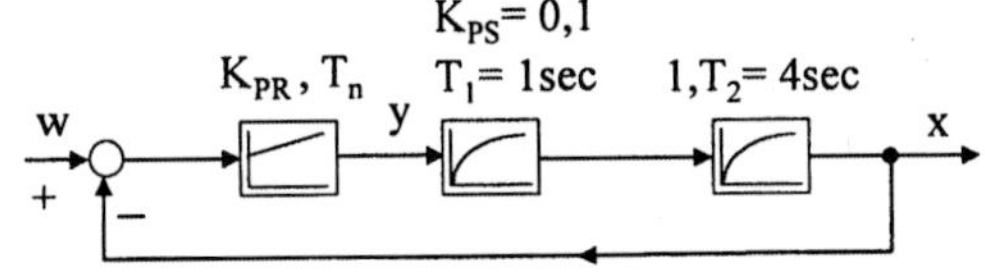

Bild 2.13
Wirkungsplan eines Regelkreises der 3.Ordnung

2.10.4 Regelkreis mit instabiler Regelstrecke ①②③

Es wird versucht, eine instabile Regelstrecke $G_S(s) = \dfrac{K_{PS} \cdot (1 + sT)}{sT_1 - 1}$ mit einem PI-Regler zu regeln (Bild 2.14). Die Parameter der Strecke sind: $K_{PS} = 0{,}2$; $T = 3\text{sec}$ und $T_1 = 4\text{sec}$. Der Regler ist nichtkompensiert und mit der Vorhaltzeit $T_n = 2\text{sec}$ eingestellt.

Berechnen Sie mit dem Hurwitz-Kriterium den Proportionalbeiwert K_{PR} des Reglers, bei dem der Regelkreis stabil ist.

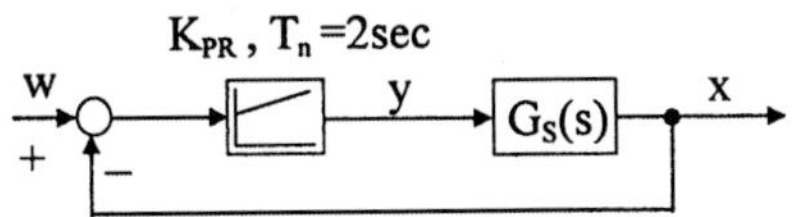

Bild 2.14 Regelkreis mit instabiler Regelstrecke

2.10.5 Stabilitätsbedingungen nach Nyquist-Kriterium ①②③

Ein Regelkreis mit dem P-Regler und der P-Tt-Strecke befindet sich an der Stabilitätsgrenze. Es entstehen Schwingungen mit der Kreisfrequenz $\omega_D = 4\ \text{sec}^{-1}$.

Die Übertragungsfunktion der Regelstrecke ist gegeben:

$$G_S(s) = \frac{K_{PS}}{1+sT_1} \cdot e^{-sT_t}$$

wobei $K_{PS} = 0{,}8$ und $T_1 = 0{,}25\text{sec}$ sind.

Bestimmen Sie den kritischen Proportionalbeiwert K_{PRkrit} des Reglers.

2.10.6 Vollständiges Nyquist-Kriterium im Bode-Diagramm ①②③

a) Das Bode-Diagramm eines offenen Regelkreises mit $n_r = 2$ Pole mit positivem Realteil ist im Bild 2.15 aufgestellt.

Überprüfen Sie die Stabilität des geschlossenen Regelkreises.

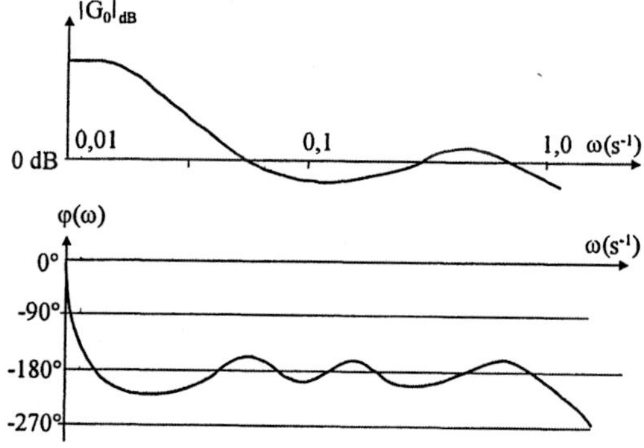

Bild 2.15
Bode-Diagramm des offenen Kreises mit $n_r = 2$

b) Das Bode-Diagramm des offenen Regelkreises mit P-Regler und P-T3-Regelstrecke ist im Bild 2.16 dargestellt.

Ist der geschlossene Regelkreis stabil ?

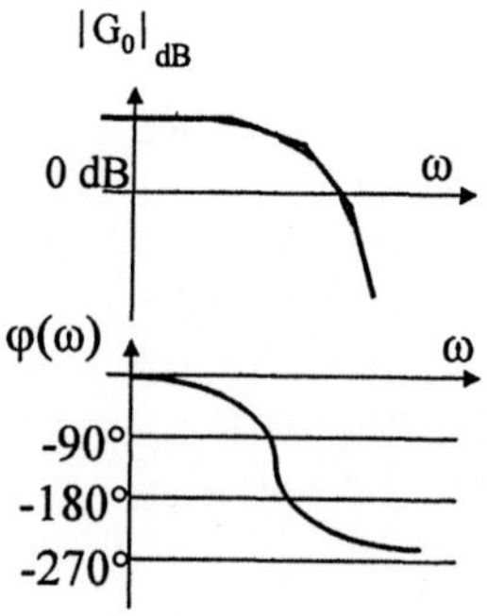

Bild 2.16
Bode-Diagramm des offenen Kreises mit $n_r = 0$

2.11 Reglereinstellung

2.11.1 Schwingungsversuch ①②

Ein PID-Regler soll nach dem Ziegler-Nichols-Tabelle eingestellt werden, um eine P-Tn-Regelstrecke auszuregeln.

Die Ergebnisse des Schwingungsversuchs, der Proportionalbeiwert K_{PRkrit} des Reglers und die Periodendauer T_{krit} der ungedämpfter Schwingung, bei denen der Regelkreis zur Stabilitätsgrenze gebracht wird, sind in der Tabelle 2.1 gegeben.

Tabelle 2.1 Versuchsergebnisse

Versuch	Eingangssprung	Reglertyp	K_{PRkrit}	T_{krit}
1	–0,2	P	3,2	0,7
2	10	I	2,5	0,8
3	0,5	PI	2,6	0,4
4	-1	PD	0,2	1,8
5	-1	PID	2,8	0,35

Bestimmen Sie die Kennwerte des PID-Reglers nach dem Ziegler-Nichols-Verfahren.

2.11.2 Reglereinstellung nach Ziegler-Nichols-Verfahren ①②

Die Übertragungsfunktion einer Regelstrecke, die mit einem P-Regler geregelt wird, ist :

$$G_S(s) = \frac{0,5}{(s+0,5)(s^2+s+1)}$$

Ermitteln Sie anhand der Ziegler-Nichols-Tabelle den Proportionalbeiwert des Reglers.

2.11.3 Reglereinstellung nach vorgegebenem Dämpfungsgrad ①②

Bestimmen Sie die Zeitkonstante T_n des PI-Reglers nach der Kompensationsmethode und den Proportionalbeiwert K_{PR} des Reglers so, daß der Dämpfungsgrad des im Bild 2.17 angegebenen Regelkreises ϑ = 0,5 beträgt.

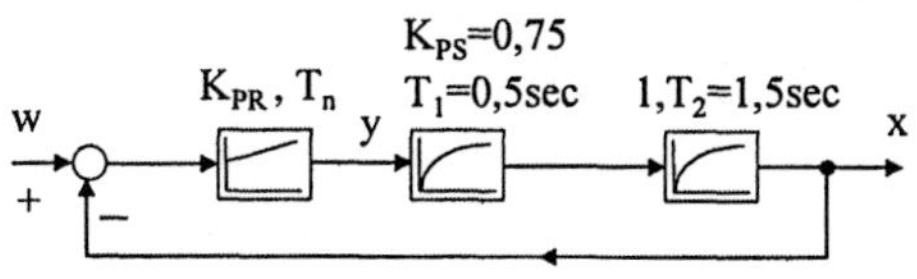

Bild 2.17 Regelkreis mit Dämpfung $\vartheta = 0,5$

2.11.4 Reglereinstellung nach vorgegebener Phasenreserve ①②

Die im Bild 2.18 gezeigte Regelstrecke wird mit einem vollkompensierten PD-Regler geregelt.

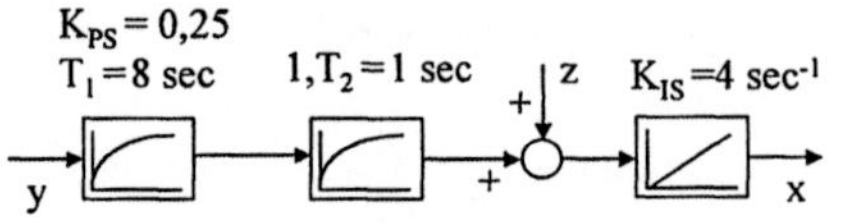

$K_{PS} = 0,25$
$T_1 = 8$ sec
$1, T_2 = 1$ sec
z
$K_{IS} = 4$ sec^{-1}
y
x
+
+

Bild 2.18
Wirkungsplan der Regelstrecke

Wie groß muß der Proportionalbeiwert K_{PR} des Reglers gewählt werden, damit eine Phasenreserve von $\alpha_R = 45°$ erreicht wird?

2.11.5 Reglereinstellung nach Betragsoptimum ①②③

Wählen Sie für den im Bild 2.19 gegebenen Regelkreis einen Regler und bestimmen Sie dessen Kennwerte nach einem geeigneten rechnerischen Verfahren so, daß ein Dämpfungsgrad von $\vartheta = \frac{1}{\sqrt{2}}$ entsteht.

$K_{PSz}=1$
$T_1=0,1$sec
z
$K_{PSy}=2$
$T_1=1$sec
$1,T_2=0,2$sec
$1,T_3=0,2$sec
w
y
x
$G_R(s)$
Regler
+
−
+
+
+
+

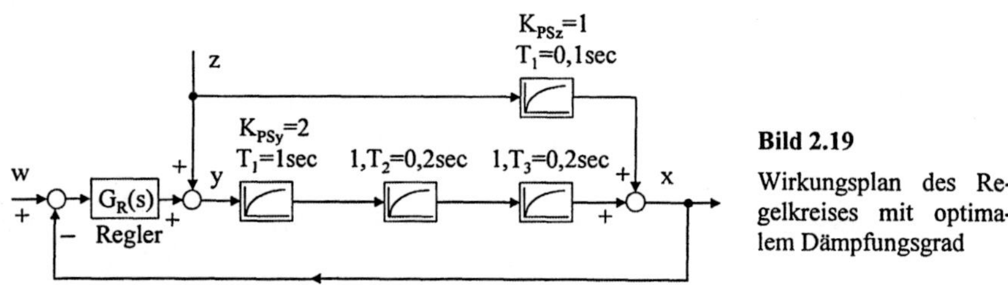

Bild 2.19
Wirkungsplan des Regelkreises mit optimalem Dämpfungsgrad

2.11.6 Betragsoptimum und Ersatzzeitkonstante ①②③

Wählen Sie für den im Bild 2.20 dargestellten Regelkreis einen geeigneten Reglertyp und bestimmen Sie die Kennwerte des Reglers so, daß:

- keine bleibende Regeldifferenz auftritt,
- der Dämpfungsgrad $\vartheta = 0,707$ entsteht,
- die maximale Überschwingweite 4,3% nicht überschritten wird.

$K_{PSz}=10$
$T_1=0,05$sec
z
$K_{PSy}=5$
$T_1=1$sec
$1,T_2=0,15$sec
$1,T_3=0,1$sec
y
x
+
+

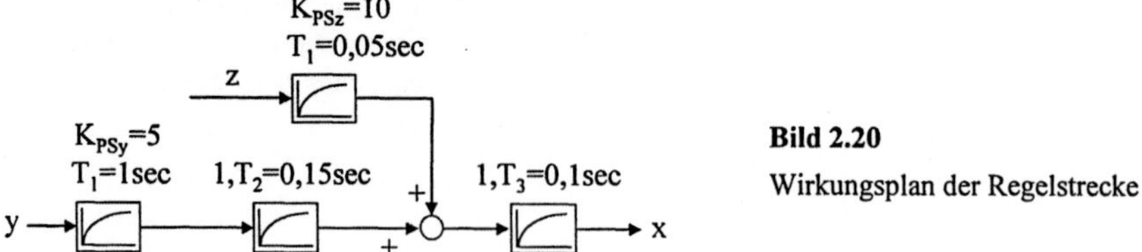

Bild 2.20
Wirkungsplan der Regelstrecke

2.11.7 Reglereinstellung nach symmetrischem Optimum ①②③

Bestimmen Sie die Kennwerte eines Reglers nach einem geeigneten rechnerischen Verfahren so, daß keine bleibende Regeldifferenz auftritt. Es sei angenommen, daß eine Störgröße z wirkt, wie im Bild 2.21 eingezeichnet.

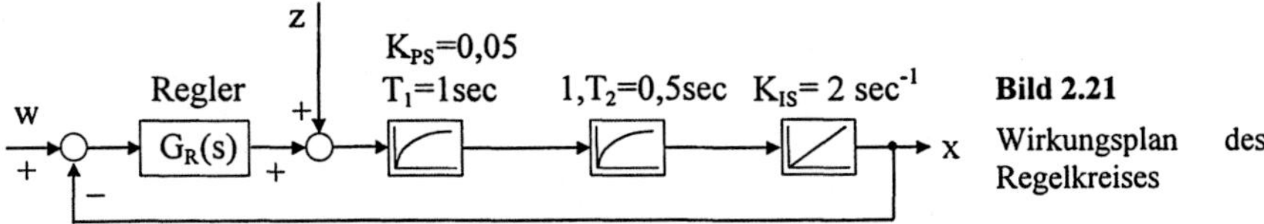

Bild 2.21 Wirkungsplan des Regelkreises

2.11.8 Symmetrisches Optimum und Ersatzzeitkonstante ①②③

Der Wirkungsplan einer Regelstrecke mit der Stellgröße y und der Störgröße z ist im Bild 2.22 dargestellt. Die Regelgröße $x(t)$ soll mit einem PID-Regler ausgeregelt werden.

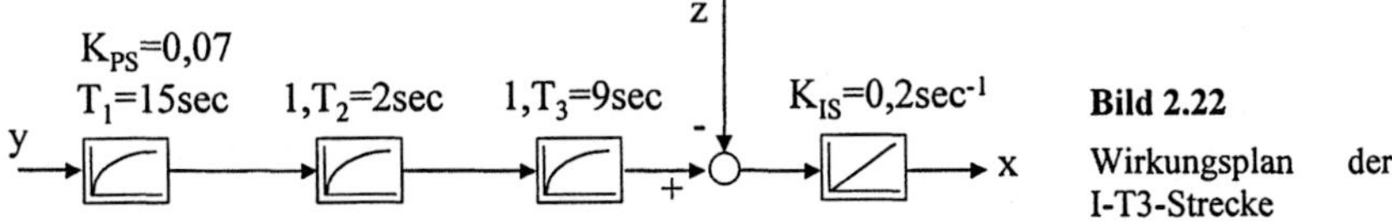

Bild 2.22 Wirkungsplan der I-T3-Strecke

Bestimmen Sie die Kennwerte des Reglers so, daß die maximale Phasenreserve eingestellt wird.

2.11.9 Symmetrisches Optimum und Betragsoptimum ①②③

Der Wirkungsplan eines Regelkreises mit dem PID-Regler ist im Bild 2.23 gezeigt. Mit einem Schalter wird ein Teil der Strecke entweder zu einem I-Glied mit K_{IS} = 0,04sec^{-1} in der Position A oder zu einem P-T1-Glied mit K_{PS} = 0,1 und T_3 = 3sec in der Position B umgeschaltet.

Bestimmen Sie die optimalen Reglereinstellungen für jede Position des Schalters.

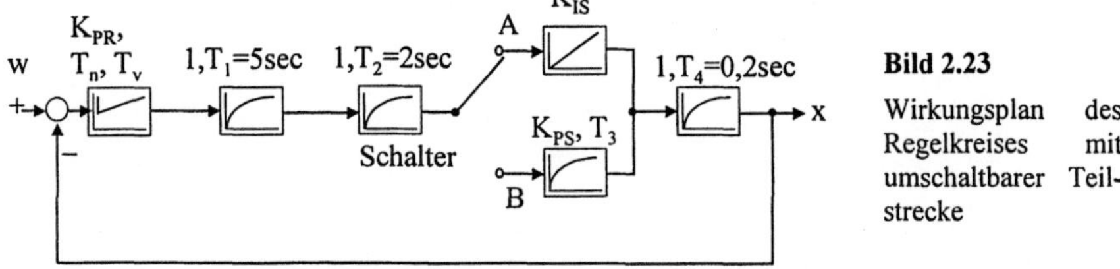

Bild 2.23 Wirkungsplan des Regelkreises mit umschaltbarer Teilstrecke

2.12 Regler mit Rückführung

2.12.1 PD-Regler ①

Der Verstärkungsgrad K_V des im Bild 2.24 skizzierten Operationsverstärkers ist unendlich groß. Eingangswiderstand: $R_e = 2\ \text{M}\Omega$.

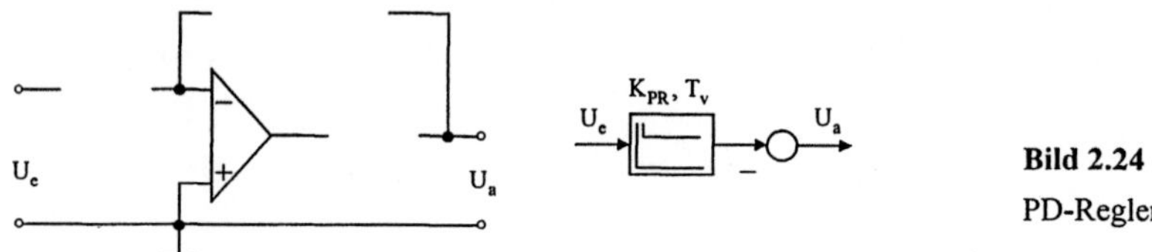

Bild 2.24 PD-Regler

Beschalten Sie den Verstärker mit R-, C-Elementen so, daß daraus ein PD-Regler mit den Kennwerten $K_{PR} = 2{,}5$ und $T_v = 4$ sec entsteht.

2.12.2 PID-Regler ①②

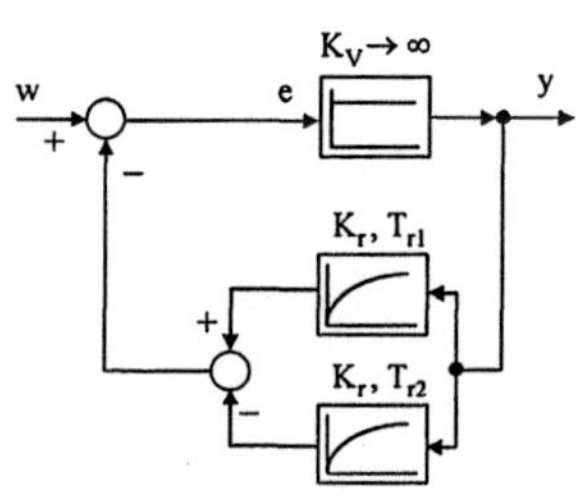

Der Wirkungsplan eines Reglers ist im Bild 2.25 gezeigt. Der Proportionalbeiwert des Verstärkers K_V ist unendlich groß.

Bestimmen Sie die Kennwerte der Rückführung K_r , T_{r1} und T_{r2} so, daß daraus ein vollständiger PID-Regler mit folgenden Parametern entsteht:

$K_{PR} = 5$ $T_n = 0{,}5$ sec $T_V = 0{,}1$ sec.

Bild 2.25 PID-Regler

2.12.3 PID-Regler nach Betragsoptimum ①②

Der Proportionalbeiwert des Operationsverstärkers K_V (Bild 2.26) wird als unendlich groß betrachtet.

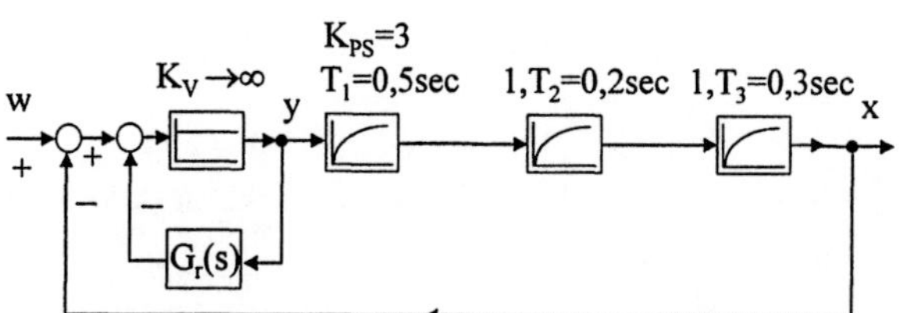

Bild 2.26 Regelkreis mit PID-Regler

Bestimmen Sie die Parameter der Rückführung $G_r(s)$ so, daß daraus ein nach dem Betragsoptimum eingestellter PID-Regler entsteht.

2.13 Kaskadenregelung

2.13.1 Einstellung nach vorgegebenem Dämpfungsgrad ①②

Gegeben ist der Wirkungsplan einer Kaskadenregelung (Bild 2.27) mit allen Streckendaten. Der Folgeregler ist ein PI-Regler mit $K_{PR1} = 1$.

Legen Sie den PI-Führungsregler $G_{R2}(s)$ mit Hilfe der Kompensationsmethode so aus, daß ein Dämpfungsgrad des Führungsregelkreises von $\vartheta = 1$ entsteht.

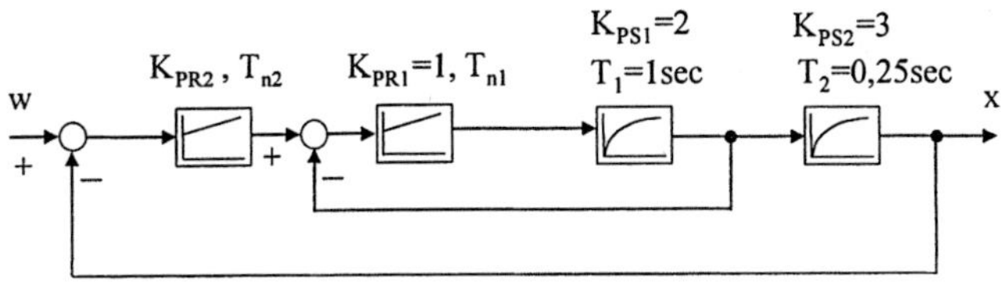

Bild 2.27 Wirkungsplan der Kaskadenregelung

2.13.2 Einstellung nach gewünschter Übertragungsfunktion ①②③

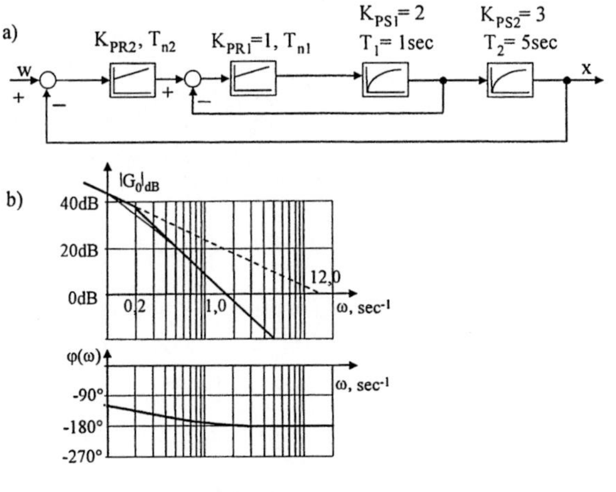

Der Wirkungsplan einer Kaskadenregelung ist im Bild 2.28a gezeigt. Der Folgeregler $G_{R1}(s)$ mit $K_{PR1} = 1$ und der Führungsregler $G_{R2}(s)$ sind beide als PI-Regler ausgelegt.

Bild 2.28
a) Wirkungsplan
b) Bode-Diagramm

Bestimmen Sie die Kennwerte der Folge- und Führungsregler mit Hilfe der Kompensationsmethode so, daß das im Bild 2.28b gezeigte Regelkreisverhalten im aufgeschnittenen Führungsregelkreis $G_{02}(j\omega)$ erreicht wird.

2.13.3 Einstellung nach gewünschter Zeitkonstante ①②

Gegeben ist der Wirkungsplan einer Kaskadenregelung mit allenen Streckendaten:

$K_{PS1} = 2 \qquad K_{PS2} = 3$

$T_1 \ = 1\text{sec} \qquad T_2 \ = 0{,}2\text{sec}$

Folge- und Führungsregler sind PI-Regler mit Übertragungsfunktionen $G_{R1}(s)$ und $G_{R2}(s)$.

Bestimmen Sie die Kennwerte K_{PR1} und T_{n1} des Folgereglers mit Hilfe der Kompensationsmethode so, daß das Führungsverhalten des Folgeregelkreises $G_{w1}(s)$ eine Verzögerungszeitkonstante $T_{w1} = \dfrac{T_1}{50}$ besitzt.

2.14 Störgrößenaufschaltung

2.14.1 Vollständige Kompensation ①②③

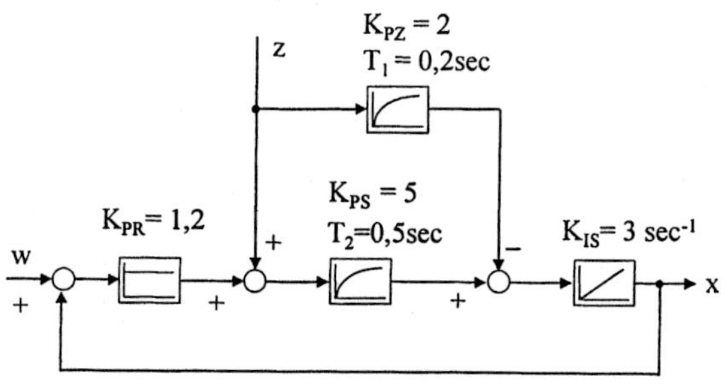

Bild 2.29 Regelkreis ohne Störgrößenkompensation

Ergänzen Sie den Wirkungsplan des im Bild 2.29 gezeigten Regelkreises mit einer Störgrößenaufschaltung, die auf den Reglereingang wirkt. Berechnen Sie die Übertragungsfunktion des dazu erforderlichen Übertragungsgliedes, wenn vollständige Kompensation der Störgröße gefordert wird.

2.14.2 Übertragungsfunktion des Korrekturgliedes ①②

Die Vorwärts-Übertragungsfunktion G_{VZ} (s) eines Regelkreises mit vollständiger Störgrößenkompensation mit Kennwerten $K_{PS} = 5$; $K_{PZ} = 10$; $T_1 = 0{,}5\text{sec}$; $T_2 = 0{,}15\text{sec}$; $T_3 = 0{,}1\text{sec}$ und $T_Z = 0{,}05\text{sec}$ ist gegeben:

$$G_{VZ}(s) = \frac{K_{PZ}}{(1+sT_Z)(1+sT_3)} - \frac{K_{PS}}{(1+sT_1)(1+sT_2)(1+sT_3)} \cdot G_{RZ}(s) \cdot G_R(s)$$

wobei G_{RZ} (s) die Übertragungsfunktion der Störgrößenaufschaltung ist:

$$G_{RZ}(s) = K_{RZ} \cdot \frac{s \cdot T_{RZ}}{1 + s \cdot 0{,}05\,\text{sec}} \quad \text{mit } K_{RZ} = 2 \text{ und } T_{RZ} = 0{,}25\,\text{sec}$$

Bestimmen Sie die Übertragungsfunktion des Reglers $G_R(s)$.

2.15 Simulationsaufgaben

2.15.1 Sprungantworten mit und ohne Regler ①②

Simulieren Sie die Sprungantworten eines Regelkreises mit dem P-Regler und der P-T1-Regelstrecke (Bild 2.30). Stellen Sie die folgenden Parameter der Regelstrecke ein:

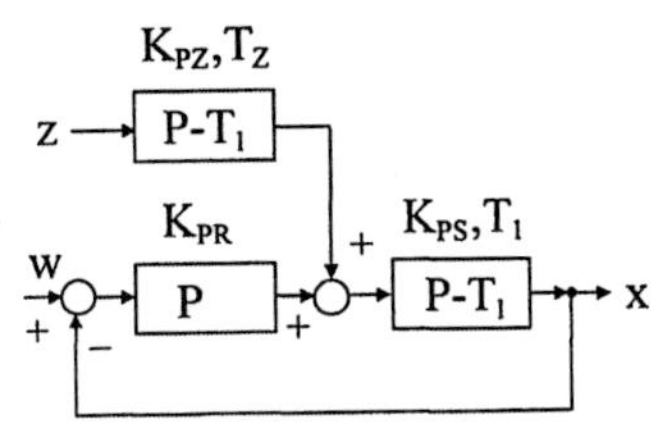

$K_{PS} = 6{,}65$

$K_{PZ} = 4{,}65$

$T_1 = T_Z = 0{,}5\text{sec}$

Den Proportionalbeiwert K_{PR} des P-Reglers berechnen Sie so, daß der reelle Regelfaktor $R_F(0) = 0{,}07$ wird.

Bild 2.30 Wirkungsplan des Regelkreises

Dann berechnen Sie die Größe des Eingangssprungs $\hat{z}$ so, daß damit ein Beharrungszustand von $x_{m.R.}(\infty) = 0{,}65$ erreicht wird. Überprüfen Sie Ihre Berechnungen mit der Simulation.

Nun wird der Regler von der Strecke getrennt. Wie groß wird der Beharrungszustand der Regelgröße $x_{o.R.}(\infty)$ nach dem gleichen Eingangssprung der Störgröße ?

Überprüfen Sie die Berechnung mit dem PC.

2.15.2 Reeller Regelfaktor ①②

Bestimmen Sie den statischen Regelfaktor $R_F(0)$ des im Bild 2.31 gegebenen Regelkreises mit

$K_{PR} = 5 \quad K_{PS} = 0{,}1 \qquad T = T_1 = T_2 = 1\text{sec.}$

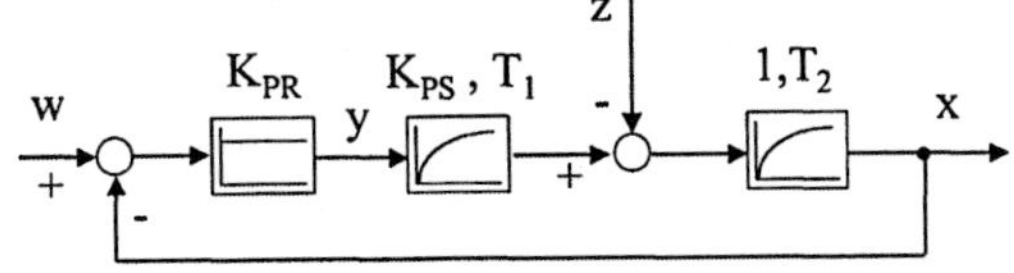

Bild 2.31

Regelkreis zur Simulation des Führungs- und Störverhaltens

Überprüfen Sie die Rechenergebnisse durch eine PC-Simulation hinsichtlich:

a) Störverhalten: Der Eingangssprung der Störgröße sei $\hat{z} = 7{,}6$.

b) Führungsverhalten: Der Eingangssprung der Führungsgröße sei $\hat{w} = 7{,}6$.

2.15.3 Regeldifferenz ①②③

Simulieren Sie den im Bild 2.32 gegebenen Regelkreis, der aus zwei Schaltungen mit den gleichen I-T1-Gliedern ($K_{PR} = K_{PS} = 1$, $T_n = 1{,}5$sec und $T = 1$sec) besteht:

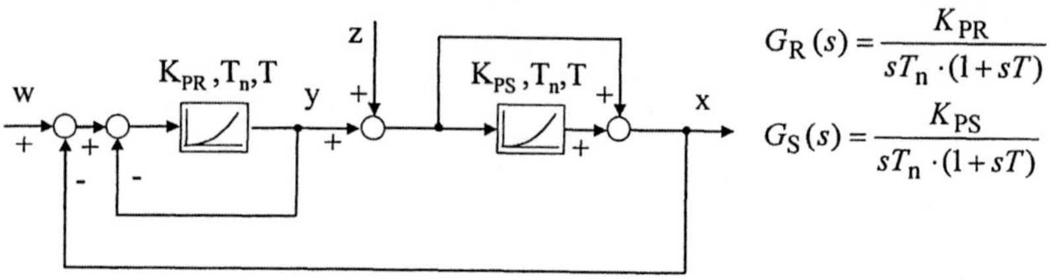

$$G_R(s) = \frac{K_{PR}}{sT_n \cdot (1 + sT)}$$

$$G_S(s) = \frac{K_{PS}}{sT_n \cdot (1 + sT)}$$

Bild 2.32 Regelkreis zur Simulation der Regeldifferenz

Bestimmen Sie rechnerisch und per Simulation die bleibende Regeldifferenz $e(\infty)$ beim:

a) Führungsverhalten. $\hat{w} = 5{,}3$ (Eingangssprung der Führungsgröße).

b) Störverhalten. $\hat{z} = 5{,}3$ (Eingangssprung der Störgröße).

2.15.4 Hurwitz-Stabilitätskriterium, Ersatzzeitkonstante ①②

Der Wirkungsplan eines Regelkreises ist im Bild 2.33 skizziert. Zur rechnerischen Stabilitätsuntersuchung führt man eine Ersatzzeitkonstante ein:

$$T_E = T_2 + T_3 = 1{,}5 \text{ sec} + 5 \text{ sec} = 6{,}5\text{sec}.$$

Die Übertragungsfunktion des offenen Regelkreises ist damit :

$$G_0(s) = \frac{K_{PR} \cdot K_{PS}}{(1 + sT_1)(1 + sT_E)}$$

Bestimmen Sie mit Hilfe des Hurwitz-Stabilitätskriteriums, für welche Werte von K_{PR} der geschlossene Kreis stabil ist.

Vergleichen Sie die Rechenergebnisse mit einer Simulation.

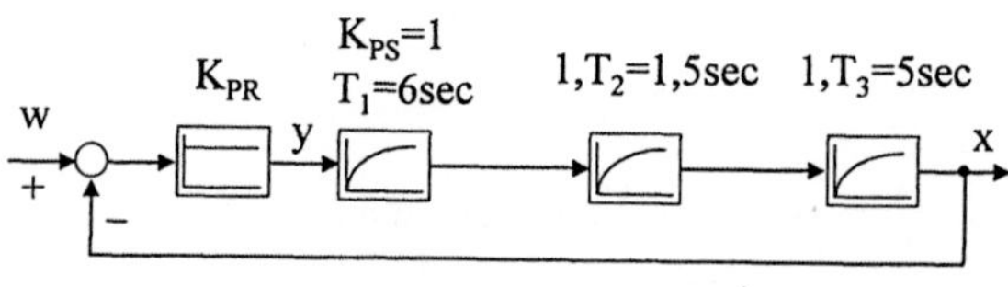

Um den kritischen Proportionalbeiwert K_{PRkrit} zu bestimmen, führen Sie einen Schwingungsversuch durch: ändern Sie K_{PR} solange, bis der Regelkreis eine Dauerschwingung ausführt.

Bild 2.33 Regelkreis zur Simulation der Stabilitätsuntersuchung

2.15.5 Instabile Regelstrecke ①②③

Der Wirkungsplan einer Regelstrecke ist im Bild 2.34 skizziert.

Die Regelgröße ist x(t), die Stellgröße ist y(t). Die Regelstrecke hat folgende Parameter:

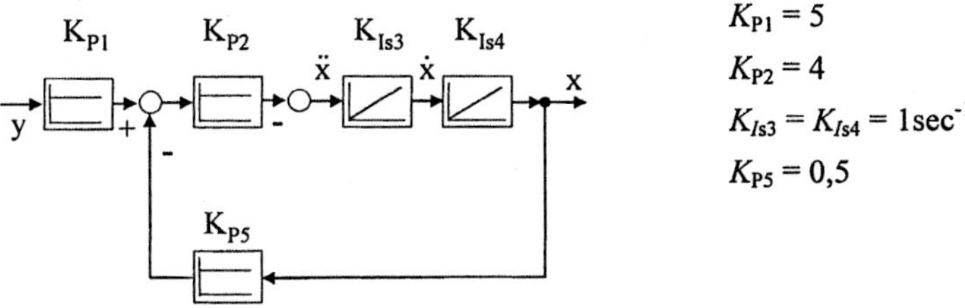

$K_{P1} = 5$

$K_{P2} = 4$

$K_{Is3} = K_{Is4} = 1\,\text{sec}^{-1}$

$K_{P5} = 0{,}5$

Bild 2.34 Wirkungsplan zur Simulation eines instabilen Verhaltens

a) Bestimmen Sie die Übertragungsfunktion der Regelstrecke für das Stellverhalten.

b) Skizzieren Sie das Bode-Diagramm der Regelstrecke.

c) Skizzieren Sie die Sprungantwort der Regelkreises bei einem Stellsprung, dann simulieren Sie die Regelstrecke unter dem Stellsprung $\hat{y} = 1$ und überprüfen Sie Ihre Vorstellungen über die Sprungantwort.

2.15.6 Vollständiges Nyquist-Stabilitäskriterium ①②③④

Gegeben ist ein Regelkreis mit dem PID-T1-Regler und einer instabilen Regelstrecke. Statt Kompensation wird der Regler überkompensiert. Die Übertragungsfunktionen, die Kennwerte der Regelstrecke und die empfohlenen Reglerkennwerte ($T_n > T_7$; $T_n > T_v$ und $T_R = 0{,}1 \cdot T_v$) sind nachfolgend angegeben:

$$G_R(s) = \frac{K_{PR}(1+sT_n)(1+sT_v)}{s \cdot T_n(1+sT_R)} \qquad G_S(s) = \frac{K_{PS}}{(1+sT_7)(1-s^2T_S^2)}$$

$K_{PR} = 1$ $\qquad K_{PS} = 2{,}13$

$T_n = 2\text{sec}$ $\qquad T_7 = 0{,}0440\text{sec}$

$T_v = 0{,}1\text{sec}$ $\qquad T_S = 0{,}0353\text{sec}$

$T_R = 0{,}01\text{sec}$

a) Skizzieren Sie das Bode-Diagramm des offenen Regelkreises und bestimmen Sie den Proportionalbeiwert K_{PR} des Reglers nach dem vollständigen Nyquist-Stabilitätskriterium so, daß damit ein stabiles Kreisverhalten entsteht.

b) Simulieren Sie den Regelkreis. Benutzen Sie dabei die Ergebnisse der Aufgabe 2.15.5, um die instabile Regelstrecke zu realisieren.

Geben Sie einen Eingangssprung $\hat{w} = 1$ ein und ermitteln Sie, ob ein stabiles Verhalten entsteht.

2.15.7 Betragsoptimum, Ersatzzeitkonstante ①②③

Ein Regelkreis besteht aus drei P-T1-Gliedern ($K_{PS} = 1$; $T_1 = 6$sec; $T_2 = 0{,}5$sec; $T_3 = 5$sec) und einem P-Regler. Stellen Sie den P-Regler zuerst nach dem Betragsoptimum ein. Dann überprüfen Sie die Reglereinstellung durch eine Simulation mit dem Eingangssprung $\hat{w} = 1$. Die Simulation soll mit den o.g. drei Zeitkonstanten T_1, T_2, T_3 erfolgen.

2.15.8 Kaskadenregelung, Betragsoptimum ①②③

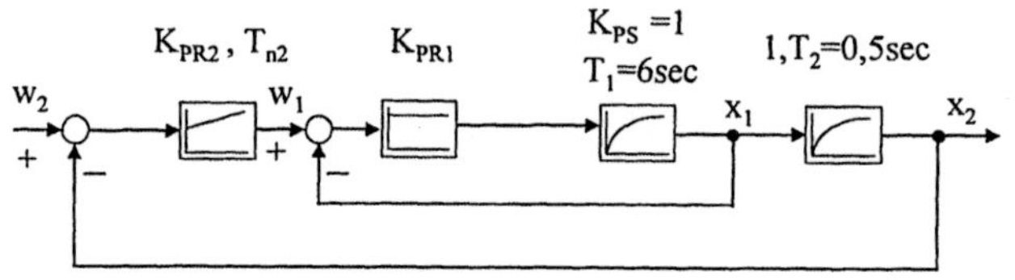

Bild 2.35 Simulation einer Kaskadenregelung

Berechnen Sie die Kennwerte des P-Folgereglers einer Kaskadenregelung (Bild 2.35) so, daß die Zeitkonstante des Folgeregelkreises $T_{w1} = T_1/20$ wird. Den Führungsregler stellen Sie nach dem Betragsoptimum ein.

Simulieren Sie erst nur den Folgeregelkreis und überprüfen Sie Zeitkonstante T_{w1} mit Hilfe einer Sprungantwort $x_1(t)$ nach einem Sprung $\hat{w}_1 = 1$. Dann bilden Sie dazu den Führungskreis und überprüfen Sie die theoretische Reglereinstellung mit einer Simulation.

2.15.9 Reglereinstellung nach Integralkriterien ①②③④⑤

Eine Regelstrecke mit verteilten Parametern (Bild 2.36) wird mit dem PID-T1-Regler geregelt. Die Streckenparameter sind unten in der Tabelle gegeben.

i	1	2	3	4	5	6
K_{PRi}	1,1	0,85	0,77	0,81	0,99	0,86
T_i, sec	1,7	1,9	2,0	2,2	2,2	2,2
T_{ti}, sec	0,3	0,6	1,1	2,0	2,7	5,0

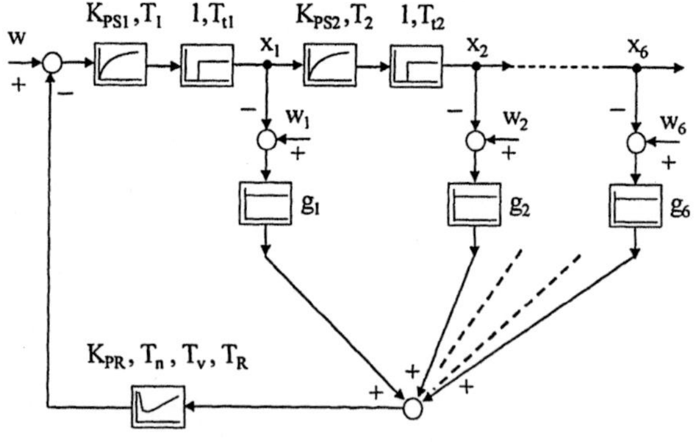

Stellen Sie die Reglerparameter und die Gewichtskoeffizienten g_i so ein, daß das lineare Integralkriterium minimal wird. Simulieren Sie den Regelkreis für alle 6 Sprungantworten $x_i(t)$ mit den Sprüngen $\hat{w}_i = 1$.

Bild 2.36 Regelung mit Gewichtskoeffizienten

3 Zweipunktregelung

3.1 Regler ohne Schaltdifferenz

3.1.1 Zweipunktregler mit und ohne Grundlast ①②

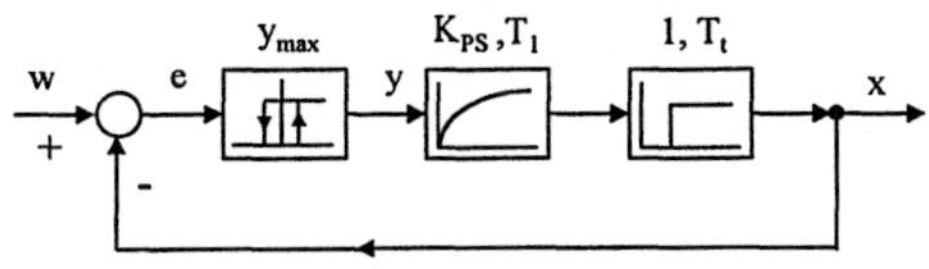

Bild 3.1 Wirkungsplan eines Regelkreises mit P-Tt-Strecke

Eine P-Tt -Regelstrecke wird mit einem Zweipunktregler ohne Schaltdifferenz geregelt (Bild 3.1). Die Parameter der Strecke: $K_{PS} = 1$; $T_1 = 0{,}5$sec; $T_t = 0{,}1$sec.

a) Bestimmen Sie graphisch die Amplitude der Arbeitsschwingung x_0 der Regelgröße x bei der konstanten Führungsgröße w_S=0,5. Die Stellgröße ist: $y_{min} = 0$ und $y_{max} = 1$.

b) Wie ändert sich die Amplitude der Arbeitsschwingung x_0, wenn eine Grundlast (Leistung im Ausschaltzustand) $y_{Grund} = 0{,}5$ eingeführt wird ? Die Stellgröße: $y_{min} = 0{,}25$ und $y_{max} = 0{,}75$.

c) Wie ändert sich die Amplitude x_0, wenn der Sollwert w_S=0,75 und eine Grundlast von $y_{Grund} = 0{,}5$ eingeführt wird ? Die Stellgröße ändert sich von $y_{min} = 0$ bis $y_{max} = 1$.

3.1.2 Regelkreis mit P-T2-Strecke ①②

Eine P-T2-Regelstrecke mit Regelbarkeit von 2,5 wird mit einem Zweipunktregler ohne Schaltdifferenz geregelt. Die maximal erreichbare Regelgröße ist $x(\infty) = 4$, der minimale Wert ist $x(0) = 0$. Bestimmen Sie die Amplitude der Arbeitsschwingung x_0 der Regelgröße x bei konstanter Führungsgröße $w_S = 2$.

3.1.3 Regelkreis mit I-Tt-Strecke ①②③

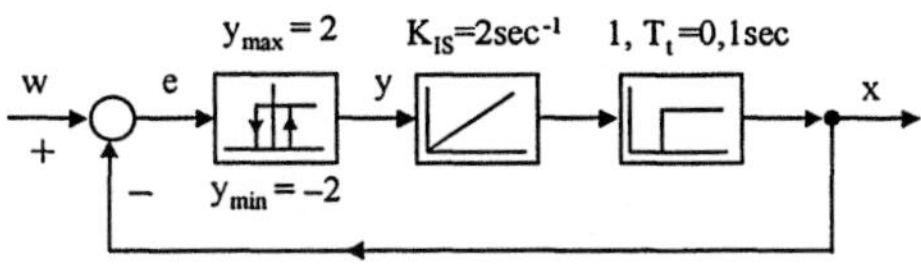

Der Zweipunktregler im Bild 3.2 mit $y_{min} = -2$ und $y_{max} = 2$ besitzt keine Schaltdifferenz.

Bild 3.2 Regelkreis mit I-Tt-Strecke

a) Bestimmen Sie die Amplitude der Arbeitsschwingung x_0 bei $w_S = 1$.

b) Wie ändert sich die Amplitude x_0, wenn K_{IS} halbiert wird, d.h. K_{IS} =1 sec^{-1} ?

3.1.4 Zweipunktregler mit Grundlast ①②③

Die Regelbarkeit eines elektrisch beheizten Ofens ist 5, die Ausgleichszeit T_g = 76 sec. Die Heizwicklung besteht aus 4 gleichen Sektionen, die man beliebig zuschalten kann. Die Heizleistung im Einschaltzustand, wenn alle Sektionen zusammengeschaltet sind, beträgt P = 20 KW. Damit ist die maximal erreichbare Temperatur T_{max} = 120 °C. Die minimale Temperatur bei abgeschalteten Sektionen beträgt T_{min} = 20 °C.

a) Bestimmen Sie die Amplitude der Arbeitsschwingung der Regelgröße für einen Sollwert von w_S = 50 ^{0}C für den Fall, daß alle vier Sektionen für die Schaltleistung benutzt sind.

b) Durch Umschaltung der Heizwicklung und Einführung einer Grundlast soll bei gleichem Sollwert die Amplitude der Arbeitsschwingung halbiert werden. Wie groß muß die Grundleistung P_{grund} und die Schaltleistung P_{schalt} ausgelegt werden, wenn die mittlere bleibende Regeldifferenz Null sein soll?

3.2 Regler mit Schaltdifferenz

3.2.1 Zweipunktregler mit P-T1-Strecke ①②

Eine P-T1-Regelstrecke wird durch einen Zweipunktregler mit Schaltdifferenz x_d = 0,2 geregelt. Die Parameter der Regelstrecke sind: K_{PS} = 1 und T_1 = 0,6 sec.

Der Wirkungsplan des Regelkreises ist im Bild 3.3 gezeigt.

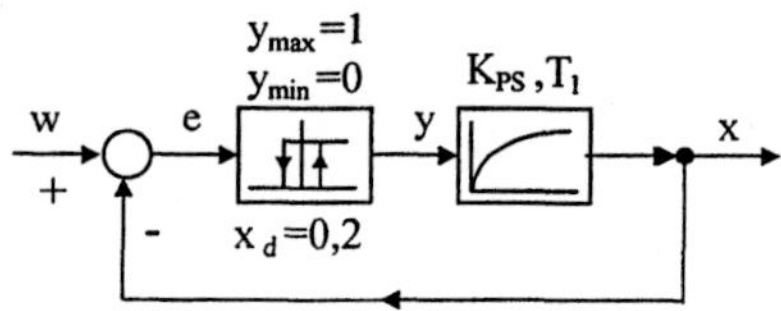

Bild 3.3 Wirkungsplan eines Regelkreises mit dem Zweipunktregler mit Schaltdifferenz

a) Bestimmen Sie graphisch die Amplitude x_0 der Arbeitsschwingung der Regelgröße x bei der konstanten Führungsgröße w_S = 0,5. Die Stellgröße ist y_{min} = 0 und y_{max} = 1.

b) Wie ändert sich die Amplitude x_0, wenn die Schaltdifferenz x_d halbiert wird ?

3.2.2 Zweipunktregler mit P-Tt-Strecke ①②③

Die Regelstrecke besteht aus einem P-T1-Glied und einem Totzeitglied mit folgenden Parametern: K_{PS} = 1; T_1 = 0,6 sec und T_t = 0,1 sec.

Bestimmen Sie zeichnerisch die Amplitude der Arbeitsschwingung x_0 der Regelgröße x(t) eines Regelkreises mit dem Zweipunktregler bei der konstanten Führungsgröße w_S = 0,5. Der Zweipunktregler besitzt eine Schaltdifferenz x_d = 0,1.

4 Digitale Regelung

4.1 Quasikontinuierliche Regelung

4.1.1. Bestimmung von Abtastzeiten ①②

Ein PID-Regler ist so eingestellt, daß die Phasenreserve α_R = 45° bei der Durchtrittsfrequenz ω_D = 10sec^{-1} entsteht. Ersetzt man den stetigen Regler durch einen digitalen PID-Regler mit der gleichen Einstellung, so verschlechtert sich die Phasenreserve und beträgt α_R = 30,7°. Wie groß ist die Abtastzeit T_A des digitalen Reglers ?

4.1.2 Reglereinstellung nach Phasenreserve ①②③

Eine Regelstrecke (Bild 4.1) soll mit einem digitalen PI-Regler geregelt werden. Die Abtastzeit beträgt T_A = 0,4sec. Wie groß müssen die Kennwerte K_{PR} und T_n des Reglers gewählt werden, damit eine Phasenreserve von α_R = 60° erreichen wird ?

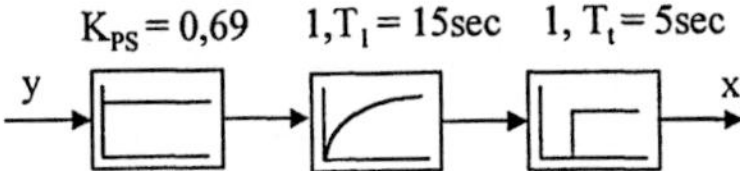

Bild 4.1 Wirkungsplan einer Strecke zur Regelung mit einem digitalen PI-Regler

4.1.3 Phasengänge von analogen/digitalen Regelkreisen ①②③

Eine P-T3-Regelstrecke ist durch einen digitalen PID-Regler mit folgenden Kennwerten geregelt: K_{PR} = 1,2; T_n = 0,3sec und T_v = 0,1sec. Die Parameter der Regelstrecke sind: K_{PS} = 2,5; T_1 = 0,1sec; T_2 = 0,05sec und T_3 = 0,3sec. Der Phasengang des offenen Regelkreises hat den im Bild 4.2 dargestellten Verlauf. Die Rechenzeit und andere Umwandlungszeiten sind vernachlässigbar klein. Wie groß ist die Abtastzeit T_A des Reglers ?

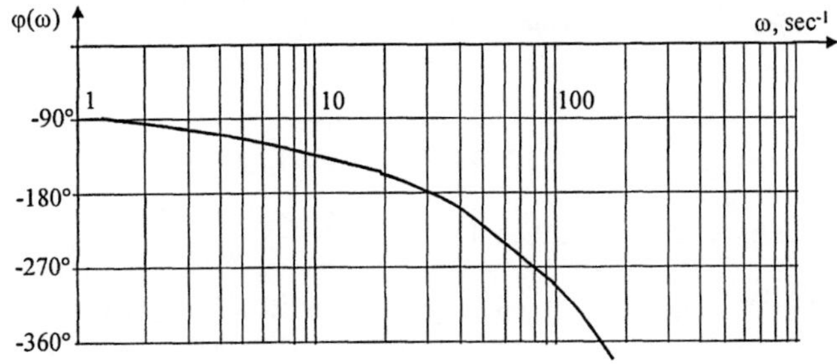

Bild 4.2 Das Bode-Diagramm eines Regelkreises mit digitalem PID-Regler

4.1.4 Stabilitätsgrenze ①②③

Das Bode-Diagramm eines aufgeschnittenen Regelkreises mit P-Regler ist im Bild 4.3 gegeben. Der Proportionalbeiwert des Reglers beträgt $K_{PR} = 2{,}5$.

Dieser P-Regler wird nun durch einen digitalen vollkompensierten PD-Regler mit der Abtastzeit $T_A = 2{,}0$sec ersetzt.

Berechnen Sie, für welchen Bereich von K_{PR} der geschlossene Regelkreis mit digitalem PD-Regler stabil wird.

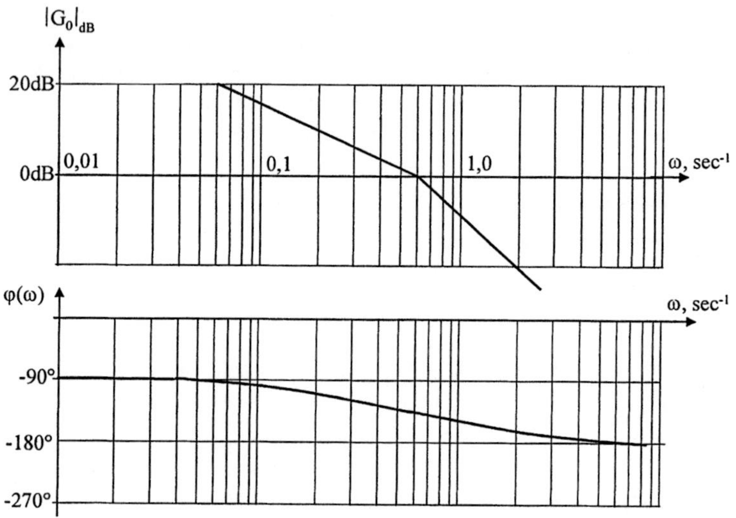

Bild 4.3 Das Bode-Diagramm eines Regelkreises mit analogem P-Regler

4.1.5 Reglereinstellung nach Betragsoptimum ①②③

Der Wirkungsplan eines Regelkreises mit analogem PI-Regler ist im Bild 4.4 gegeben.

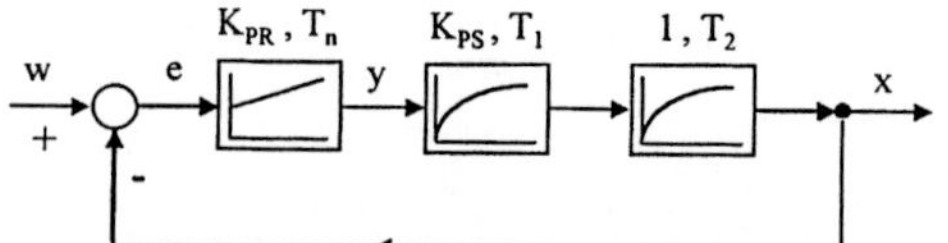

Bild 4.4 Regelkreis mit analogem Regler

Der Proportionalbeiwert der Regelstrecke ist $K_{PS} = 0{,}24$. Der Regler ist nach dem Betragsoptimum eingestellt: $K_{PR} = 3{,}5$ und $T_n = 34{,}3$sec. Ersetzt man den analogen Regler durch einen digitalen, so entstehen im Regelkreis ungedämpfte Schwingungen mit der Schwingungsperiode $T_{krit} = 15$sec. Welche Abtastzeit T_A besitzt der digitale Regler ?

4.2 Digitale Regelalgorithmen

4.2.1 Aufstellen von Algorithmen ①②

Untersucht werden soll der Regelalgorithmus eines PI-Reglers

$$y(t) = K_{\mathrm{PR}} \cdot \left(e(t) + \frac{1}{T_{\mathrm{n}}} \cdot \int e(t)dt \right),$$

wobei $y(t)$ die Stellgröße und e(t) die Regeldifferenz ist. Die Kennwerte des Reglers sind gegeben: $K_{\mathrm{PR}} = 1{,}5$ und $T_{\mathrm{n}} = 2{,}0$ sec.

Der Algorithmus wird nach der Rechteckregel mit dem Wert der linken Intervallgrenze (Typ 1) digitalisiert, wobei die Abtastzeit T_{A} für die Zeitspanne dt gesetzt wird: $dt \approx T_{\mathrm{A}} = 0{,}5$ sec. Damit wird die Stellgröße y(t) zum Zeitpunkt $t_{\mathrm{i}} = i \cdot T_{\mathrm{A}}$ durch einen abgetasteten Wert y_{i} ersetzt.

Wie groß ist die Stellgröße $y(t)$ zum Zeitpunkt $t = 2{,}0$sec nach einem Eingangssprung von $\hat{e} = 2$ bei

a) analogem Regler (ohne Digitalisierung),

b) digitalem Regler (mit Digitalisierung nach Typ 1, linke Intervallgrenze [29]) ?

4.2.2 Geschwindigkeits- und Stellungsalgorithmen ①②

Eine Regelstrecke wird mit digitalem Regler geregelt. Das Stellglied ist ein P-Ventil mit Schrittmotor. Wie groß ist die Motorspannung U_{A} im Arbeitspunkt mit dem

a) Geschwindigkeitsalgorithmus, b) Stellungsalgorithmus ?

4.2.3 Wirkung von Abtastzeiten ①

Ein analoger PID-Regelalgorithmus paralleler Struktur $G_{\mathrm{R}}(s) = K_{\mathrm{P}} + \frac{K_{\mathrm{I}}}{s} + \frac{K_{\mathrm{D}} \cdot s}{s + \frac{1}{T_{\mathrm{R}}}}$ wird mit der Abtastzeit T_{A} digitalisiert.

Wie ändern sich die I- und D-Anteile der Sprungantwort des digitalisierten Algorithmus, wenn die Abtastzeit T_{A} verkleinert wird ?

4.2.4 Sprungantwort eines digitalen Regelkreises ①②

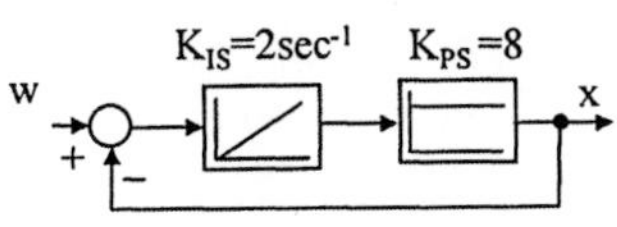

Bild 4.5 Digitaler Regelkreis

Die Abtastzeit eines digitalen I-Reglers (Bild 4.5) beträgt $T_{\mathrm{A}} = 0{,}05$sec. Der Regelalgorithmus ist nach der Trapezregel digitalisiert. Skizzieren Sie die Sprungantwort der Regelgröße $x(t)$ bei einem Sprung der Führungsgröße der Höhe $\hat{w} = 2$.

4.2.5 Dead-beat Regler ①②③

Eine Regelstrecke besteht aus zwei I-Gliedern mit $K_{IS1} = 1{,}6\ \text{sec}^{-1}$ und $K_{IS2} = 2{,}5\ \text{sec}^{-1}$.

Der Wirkungsplan der Regelstrecke ist im Bild 4.6a gezeigt.

a) Es wird ein Regelkreis mit analogem P-Regler gebildet. Der Proportionalbeiwert des Reglers ist gegeben: $K_{PR} = 4$.

Bestimmen Sie die Amplitude und die Periodendauer der Dauerschwingung der Regelgröße nach einem Sprung der Führungsgröße von der Höhe $\hat{w} = 2$.

b) Die Strecke wird mit einem analogen PD-Regler geregelt. Der Proportionalbeiwert des Reglers bliebt unverändert: $K_{PR} = 4$.

Bestimmen Sie die Vorhaltzeit T_v des Reglers, bei der der Sollwert w = 2 ohne Überschwingung erreicht wird.

c) Die Strecke wird mit einem Dead-beat Regler geregelt. Die gewünschte Sprungantwort der Regelgröße ist im Bild 4.6c skizziert.

Bestimmen Sie die Stellreserve der Stellgröße $\pm y_{max}$ (Bild 4.6b) so, daß die Regelgröße $x(t)$ nach der Zeit $t_{aus} = 0{,}8$sec aus dem Anfangszustand $x(0) = 0$ in einen Endzustand $x(t_{aus}) = H = 2$ umgestellt wird.

d) Wie soll die Stellreserve der Stellgröße y_{max} geändert werden, wenn der gewünschte Endzustand H bei der gleichen Ausregelzeit t_{aus} verdoppelt wird, d.h. $H = x(t_{aus}) = 4$?

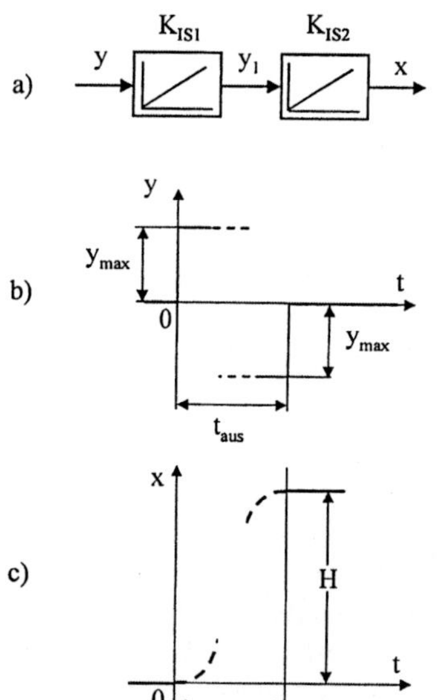

Bild 4.6

a) Wirkungsplan der Regelstrecke

b) Stellreserve der Stellgröße des Dead-beat-Reglers

c) Erwarteter Endzustand der Regelgröße des Regelkreises

5 Steuerung

5.1 Die Norm IEC 1131

5.1.1 Organisationseinheiten ①

Welche der unten aufgelisteten Programmbausteine gehören zur Norm IEC 1131 ?

a) Benutzerdefinierte Datentypen	d) Funktionsschablonen	g) Prozeduren
b) Funktionen	e) Kopierkonstruktoren	h) Selbsterstellte Blöcke
c) Funktionseinheiten	f) Programme	i) Virtuelle Destruktoren

5.1.2 Sprachelemente ①

Welche der angegebenen Sprachelemente definiert die Norm IEC 1131 ?

a) Direkt-Adresse	d) Located Variable	g) Unlocated Variable
b) FILE OF Datentyp	e) Numerische Daten	h) Untypisierte Parameter
c) Literale	f) Open Parameter	i) Variable

5.1.3 Datentypen ①

Welche Datentypen definiert die Norm IEC-1131 ?

a) Eindimensionales Feld	d) Ganzzahl	g) Text
b) Bitfolge	e) Gleitpunkt	h) Zeichenfolge
c) Benutzerdefinierte Datentypen	f) Datum, Zeitpunkt	i) Zweidimensionales Feld

5.1.4 Programmiersprachen ①

Ist die unten gegebene Aussage korrekt ?

Die Norm IEC 1131 verfügt über folgenden Programmiersprachen:

	Deutsche Bezeichnung (Abkürzung)	*Englische Bezeichnung (Abkürzung)*
a	Ablaufsprache (AB)	Sequential Function Chart (SFC)
b	Benutzerdefinierte Bausteine (BDB)	Derived Function Blocks (DFB)
c	Kontaktplan (KOP)	Ladder Diagram (LD)
d	Funktionsbausteinsprache (FBS)	Function Block Diagram (FBD)
e	Strukturierter Text (ST)	Structured Text (ST)
f	Anweisungsliste (AWL)	Instruction List (IL)

5.1.5 Merkmale der Programmiersprachen ①②

Welche der unter a) bis e) gegebenen Aussagen ist falsch ?

a) Die Ablaufsprache (AB) ist den anderen Sprachen übergeordnet. Mit ihr erfolgt die Strukturierung der Kette (Verzweigung, Sprung, Schleife) und die Programmorganisation.

b) Der Kontaktplan (KOP) wird mit den Symbolen Schließer, Öffner, Kontakt, Spule, erstellt. Die linke Schiene des KOP entspricht dem logischen Zustand „1".

c) Die Funktionsbausteinsprache (FBS) erlaubt eine besonders übersichtliche Programmierung von SPS. Die in der Bibliothek vorhandenen Elementar-Funktionsbausteine werden entsprechend der Aufgabenstellung ausgewählt und miteinander verknüpft.

d) Der Strukturierte Text (ST) ist eine C-ähnliche Sprache. Sie wird angewendet, wenn mit der SPS algorithmische Probleme zu lösen sind.

e) Die Anweisungsliste (AL) ist eine maschinennahe Sprache, die einem Assembler ähnlich ist. Jede Programmzeile entspricht genau einer Anweisung:

<MARKE> : <OPERATOR/FUNKTION> <OPERAND> <KOMMENTAR in (*..*)>

5.1.6 Standardfunktionen ①

Welche der unten aufgelisteten Standardfunktionen gehört nicht zur Norm IEC 1131-3 ?

a) Typwandlung

b) Numerische Funktionen

c) Arithmetische Funktionen

d) Bitschiebe-Funktionen

e) Bitweise Boolesche Funktionen

f) Auswahl-Funktionen für Max-, Min- und Grenzwerte

g) Auswahl-Funktionen für binäre Auswahl und Multiplexer

h) Vergleichsfunktionen

i) Flankenerkennung

j) Funktionen für Zeichenfolgen

k) Funktionen für Datentypen der Zeit

l) Funktionen für Datentypen der Aufzählung

5.1.7 Betriebsarten ①

Welche der unten angeführten SPS-Betriebsarten sind mit dem Programm ConCept möglich ?

a) Off-Line-Programmierung

b) On-Line-Programmierung

c) On-Line-Steuerung

d) Off-Line-Simulation

5.2 Funktionsbausteinsprache FBD

5.2.1 Funktionsbaustein FFB-Logic ①②

Ein Motor soll mit der BOOL-Variable *motor_ein* eingeschaltet werden, wenn der Schalter (BOOL - Variable *sch_ein*) betätigt wird. Programmieren Sie ein Projekt dafür.

5.2.2 Funktionsbaustein FFB-Arithmetic ①②

Programmieren Sie die Addition zweier INTEGER-Zahlen. Die Summe soll in der Direkt-Adresse %4:00002 abgelegt werden.

Animieren Sie das Programm für folgenden Literalen:

a) 1.Zahl: Literale 12345 2.Zahl: Literale 543

b) 1.Zahl: Literale 12345 2.Zahl: Literale 5432

5.2.3 Freigabe eines Bausteins ①②③

Ergänzen Sie das Programm der Aufgabe 5.2.2 so, daß eine Variable *fehler* = 0 ausgegeben wird, wenn das Ergebnis kleiner als 32767 ist. Ansonsten soll die Variable *fehler* =1 bleiben. Animieren Sie das Programm mit zwei Summanden:

a) 1.Zahl: Literale 12345 2.Zahl: Literale 32321

b) 1.Zahl: Literale 12345 2.Zahl: Literale 54321

5.2.4 Ausführungsfehler ①②③

Erstellen und animieren Sie ein Programm, das die Aufgaben 5.2.1 und 5.2.3 nach dem folgenden Algorithmus verknüpft: Der angegebene 1.Summand wird zum 2.Summanden addiert. Das Ergebnis soll in der Direkt-Adresse %4:00002 abgelegt werden.

- Ist das Ergebnis dieser Operation kleiner als 32767, bleibt der Motor stehen, d.h. Variable *sch_ein* = 0 und Variable *motor_ein* = 0.
- Ist das Ergebnis >32767, wird der Motor eingeschaltet, d.h. Variable *sch_ein* = 1 und Variable *motor_ein* = 1.

5.2.5 Arithmetische Funktionen ①②

Ein PID-Regler mit dem Proportionalbeiwert K_{PR} soll mit den Kennwerten T_n und T_v oder K_I und K_D eingestellt werden, wobei $K_I = \frac{K_{PR}}{T_n}$ und $K_D = K_{PR} \cdot T_v$ gilt.

a) Erstellen Sie ein Programm, das die Kennwerte K_I und K_D aus den Werten T_n und T_v umrechnet. Animieren Sie das Programm für T_n = 5 sec; T_v = 0,1sec und K_{PR} = 2.

b) Verbinden Sie die Kennwerte K_I , K_D mit dem Regler-Block der Bibliothek CLC.

5.2.6 Bausteinbibliothek EXTENDED ①②

Der Mittelwert von gewichteten Eingangswerten ist gemäß der Formel $\overline{x} = \frac{\sum_{i=1}^{n} k_i \cdot x_i}{\sum_{i=1}^{n} x_i}$

zu berechnen und am Ausgang %4:00051 auszugeben.

Erstellen Sie ein Programm für $n = 4$ und testen Sie folgendes Beispiel:

$x_1 = 100{,}5$ $k_1 = 1$

$x_2 = 100{,}6$ $k_2 = 3$

$x_3 = 100{,}7$ $k_3 = 5$

$x_4 = 100{,}8$ $k_4 = 7$

5.2.7 FFB-Selection der Bibliothek EXTENDED ①②

Erstellen Sie ein Programm, das die folgenden Bedingungen realisiert:

- Liegt der Eingangswert x_{Ein} im Bereich $x_{Min} < x_{Ein} < x_{Max}$, übergibt der Baustein diesen Eingangswert x_{Ein} an den Ausgang %4:00001.
- Liegt der Eingangswert x_{Ein} außerhalb des o.g. Bereiches ($x_{Ein} < x_{Min}$ bzw. $x_{Ein} > x_{Max}$), so wird der entsprechende Grenzwert x_{Min} oder x_{Max} ausgegeben.

Animieren Sie das Programm mit $x_{Min} = 3$, $x_{Ein} = 4$ und $x_{Max} = 5$.

5.2.8 Programmierung von Grundfunktionen ①②③

Nur jeder 2. der am Eingang %1:00001 einlaufenden „0“ oder “1“-Impulse soll gezählt werden, um die Zählfrequenz zu halbieren.

Das folgende Programm ist mit zugehöriger Lampenschaltung zu erstellen:

- Bei jedem 1., 3., 5. usw. „1“-Signal am Eingang %1:00001 leuchtet die Lampe.
- Bei jedem 2., 4., 6. usw. „1“-Signal am Eingang %1:00001 erlischt die Lampe.

5.2.9 Bausteinbibliothek TIMER ①②③

Erstellen Sie das Programm eines Oszillators mit der Zählfrequenz f_{imp}.

Animieren Sie das Programm für $T_{imp} = 1 / f_{imp} = 80$ms.

5.2.10 Editor des Bausteins DFB (Derived Function Block) ①②③

Die Lösung der Aufgabe 5.2.9 soll als ein DFB-Block editiert und unter dem Namen *test2_10.dfb* gespeichert werden.

5.3 SPS als Regler

5.3.1 Reglerstruktur und Betriebsarten ①②

a) Welche Funktionen hat die Anti-Windup-Reset-Maßnahme eines Reglers ?

b) In welcher Form wird die Anti-Windup-Maßnahme eines Reglers durchgeführt ?

c) Wird der D-Anteil des Reglers bei der Anti-Windup-Maßnahme berücksichtigt ?

d) Welche Funktion hat der Eingang REVERS eines mit SPS realisierten Reglers ?

5.3.2 Übertragungsfunktionen ①②

In der CLC-Bibliothek des ConCept-Programms befinden sich PIDP1- und PID1-Regler.

a) Welche Strukturen (Parallel-, Reihen- oder Kreisschaltung) haben sie ?

b) Welche Übertragungsfunktionen liegen ihnen zugrunde ?

5.3.3 Analogwertverarbeitung ①②③

Die Spannung U an einem Widerstand R wird gemessen (Analog-Eingang %3:00001). Mit einem FBD-Programm soll der Strom I bestimmt und zur Anzeige gebracht werden. Ein Programm ist zu erstellen und für den Fall von $R = 20\ \Omega$ und $U = 7$ V zu testen.

5.3.4 Übersetzungswerte ①②③

Gegeben sind die REAL-Werte des Stromes I und des Widerstandes R. Mit einem FBD-Programm soll die Spannung U an dem Widerstand bestimmt, über den Digital-Analog-Umsetzer dem Analog-Ausgang %4:00002 zugeführt und auf dem angeschlossenen Meßinstrument zur Anzeige gebracht werden.

Ein Programm ist zu erstellen sowie für I = 2,5mA und $R = 2$ KΩ zu animieren.

5.3.5 Messungen mit SPS ①②③④

Ein Reaktionsgefäß mit dem Zulaufventil V_{Zu} (Direkt-Adresse %0:00003) und dem Ablaufventil V_{Ab} (Direkt-Adresse %0:00005) wird als Regelstrecke betrachtet.

Der Füllstand H wird von der Direkt-Adresse %3:00004 des analogen Eingangs der SPS abgelesen.

Die Direkt-Adresse %3:00005 ist für den Sollwert des Füllstands vorgesehen.

Programmieren Sie eine Steuerung zur Messung der Füllzeiten nach dem folgenden Algorithmus:

⇒ Das Reaktionsgefäß ist im Anfangszustand leer, beide Ventile sind geschlossen.

⇒ Das Programm soll das Zulaufventil V_{Zu} öffnen und die Zeit $t_{füll}$ bis zum vollständigen Füllen des Reaktionsgefäßes messen.

5.3.6 PID-Regler ①②③

Programmieren Sie einen PIDP1-Regler mit der Bausteinbibliothek CLC.

Benutzen Sie die Umwandlungsblöcke INT_TO_REAL am Eingang und REAL_TO_INT am Ausgang des Reglers (siehe Aufgaben 5.3.2 und 5.3.3).

Folgende Direkt-Adressen sind in der SPS für den Regler belegt:

Variable	*Adresse*
Regelgröße x	%3:00003
Führungsgröße w	%3:00002
Stellgröße y	%4:00001
Regeldifferenz e	%4:00002
Begrenzung der Stellgröße Q_{max}	%0:00001
Begrenzung der Stellgröße Q_{min}	%0:00002

Stellen Sie folgende Kennwerte des Reglers als Literale ein:

Proportionalbeiwert: $K_{PR} = 2$

Zeitkonstanten: T_n=5sec bzw. $K_I = \dfrac{K_{PR}}{T_n} = 0{,}4\,\text{sec}^{-1}$

$T_v = 0{,}1\text{sec}$ bzw. $K_D = K_{PR} \cdot T_v = 0{,}2\text{sec}$

Verzögerung: $T_R = 0{,}01\text{sec}$

Stellgrößenbereich: $Y_{min} = 0$ V bis $Y_{max} = 10$ V

Stellgröße, manuell: $Y_{man} = 5$ V

a) Animieren Sie das Programm für $W = 5$ und $X = 5$.

b) Animieren Sie einen Eingangssprung der Führungsgröße von $W = 5$ auf $W = 7$.

c) Wie ändert sich die Regeldifferenz ?

5.3.7 Adaptiver Regler ①②③

Die SPS-Adressen des PID-Reglers sind wie bei der Aufgabe 5.3.6 belegt.

Eine Störgröße z ist vorhanden (Direkt-Adresse %3:00004).

a) Programmieren Sie einen adaptiven Regler mit dem folgenden Algorithmus:
   - Bei $z < 5$ wird ein PI-Regler mit $K_{PR} = 2$, T_n =5 sec und T_R= 0,01 sec eingestellt.
   - Bei $z > 5$ wird ein P-Regler mit $K_{PR} = 4$ und $T_R = 0{,}01$ sec eingestellt.

b) Animieren Sie das SPS-Programm für $W = 7$ und $X = 5$.

6 Intelligente Regelung

6.1 Fuzzy-Regelung

6.1.1 Linguistische Variable ①

Die Innentemperatur X eines elektrisch beheizten Ofens soll mit der Stellgröße Y geregelt werden. Ist der Eingangssprung der Stellgröße $y = 7V$, erreicht die Temperatur im Beharrungszustand einen Wert $x(\infty) = 60°C$. Bei $y > 7V$ steigt die Temperatur auf 90°C, bei $y < 7V$ fällt sie auf 20°C ab.

Welche Variable gilt bei Fuzzifizierung als

a) linguistische Variable,

b) Vergleichsoperator,

c) linguistischer Term ?

6.1.2 Scharfe Mengen ①

Gegeben ist ein Regelkreis mit P-T1-Regelstrecke. Die Kennwerte sind $K_{PS} = 0,4$ und $T_1 = 0,5$ sec. Die Variablen des Regelkreises sind: x(t) – Regelgröße, e(t) – Regeldifferenz und $\hat{w}$ – Eingangssprung der Führungsgröße: $\hat{w} = 24V$.

Die bleibende Regeldifferenz $e(\infty)$ wird durch Attribute P (Positiv), Z (Null) und N (Negativ) charakterisiert.

Für die linguistische Variable „Regeldifferenz" soll folgendes gelten:

1. Ist $x(\infty) < \hat{w}$, so ist die Aussage „Regeldifferenz $e(\infty)$ gehört zur Menge P" wahr.
2. Ist $x(\infty) = \hat{w}$, so ist die Aussage „Regeldifferenz $e(\infty)$ gehört zur Menge NU" wahr.
3. Ist $x(\infty) > \hat{w}$, so ist die Aussage „Regeldifferenz $e(\infty)$ gehört zur Menge N" wahr.

Beantworten Sie die folgenden Fragen:

a) Welche Bedingung 1, 2 oder 3 ist korrekt, wenn mit einem P-Regler ($K_{PR} = 2,5$) geregelt wird ?

b) Welche Bedingung ist falsch, wenn mit einem PI-Regler ($K_{PR} = 0,75$ und $T_n = 0,5$sec) geregelt wird ?

c) Welche Funktion $m(e)$ (Bild 6.1) entspricht der Bedingung 2 ?

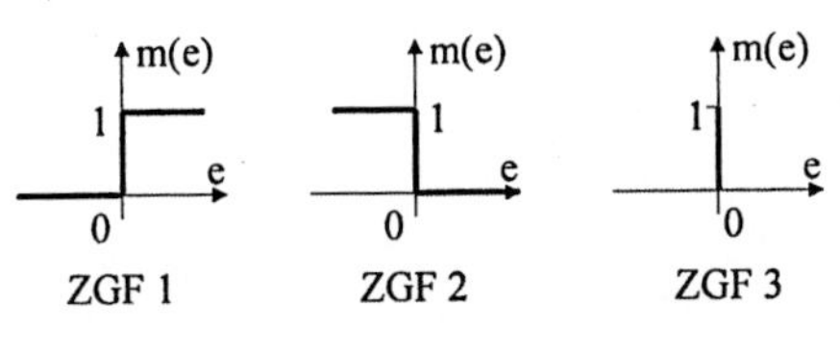

Bild 6.1 Zugehörigkeitsfunktionen

6.1.3 Logische Operationen mit scharfen Mengen ①

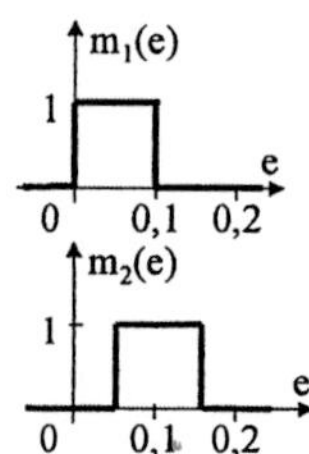

Bilden Sie die Schnitt- und die Vereinigungsmenge (logische Operationen UND bzw. ODER) der im Bild 6.2 gezeigten scharfen Mengen $m_1(e)$ und $m_2(e)$.

Bild 6.2

Die Rechteck-Zugehörigkeitsfunktionen der scharfen Mengen $m_1(e)$ und $m_2(e)$

6.1.4 Unscharfe Mengen ①

Die linguistische Variable „Regeldifferenz" sei durch folgende Bedingungen beschrieben:

a) Ist $e(t) > 0$, so ist die Aussage „Regeldifferenz $e(t)$ gehört zur Menge P (Positiv)" mit dem Zugehörigkeitsgrad $m_P(e) = 5 \cdot e$ wahr.

b) Ist $0 < e(t) < 0{,}1$, so ist die Aussage „Regeldifferenz $e(t)$ gehört zur Menge NU (Null)" mit dem Zugehörigkeitsgrad $m_{NU}(e) = -10 \cdot e + 1$ wahr. Für $-0{,}1 < e(t) < 0$ ist diese Aussage mit dem Zugehörigkeitsgrad $m_{NU}(e) = 10 \cdot e + 1$ wahr.

c) Ist $e(t) < 0$, so ist die Aussage „Regeldifferenz $e(t)$ gehört zur Menge N (Negativ)" mit dem Zugehörigkeitsgrad $m_N(e) = -5 \cdot e$ wahr.

Skizzieren Sie die entsprechenden Zugehörigkeitsfunktionen.

6.1.5 Zugehörigkeitsfunktionen ①②

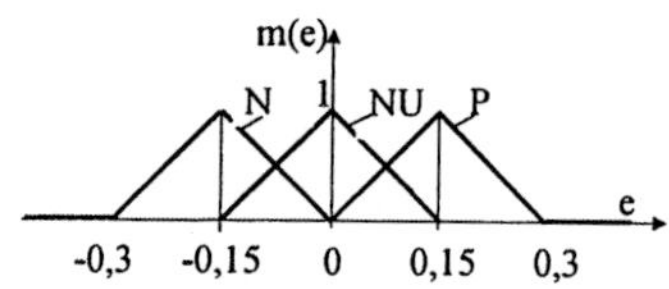

Bild 6.3 Dreieck-Zugehörigkeitsfunktionen

Die Zugehörigkeitsfunktionen der linguistischen Variable „Regeldifferenz" eines Regelkreises sind im Bild 6.3 skizziert.

Beschreiben Sie analytisch die Zugehörigkeitsfunktion der Aussage „Regeldifferenz $e(t)$ gehört zur Menge P (Positiv)".

6.1.6 Scharfe und unscharfe Mengen ①

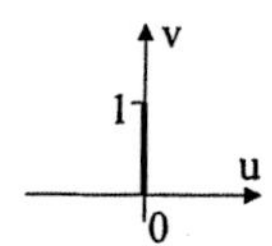

Handelt es sich um eine Fuzzy-Regelung, falls ein Element des Regelkreises mit dem Eingang $u(t)$ und dem Ausgang $v(t)$ die Kennlinie vom Typ Singleton (Bild 6.4) besitzt ?

Bild 6.4 Singleton-Kennlinie

6.1.7 Verknüpfung von unscharfen Mengen ①②

Bilden Sie aus den Mengen „Groß“ (G) und „Mittel“ (M) von je 4 Elementen mit entsprechenden Zugehörigkeitsfunktionen

$$m_G(e) = (\ 0{,}3 \quad 0{,}7 \quad -0{,}3 \quad -0{,}7\ )$$

$$m_G(e) = (\ 0{,}2 \quad 0{,}3 \quad -0{,}2 \quad -0{,}3\ )$$

die unscharfen Mengen „Groß und Mittel“(GuM), „Groß oder Mittel“(GoM), „Nicht Groß“ (NotG), „Nicht Mittel“ (NotM).

6.1.8 Logische Operationen mit unscharfen Mengen ①②

Zwei Fuzzy-Mengen $m_1(e)$ und $m_2(e)$ sowie deren logische Verknüpfungen sind im Bild 6.5 skizziert.

Welche logischen Operationen sind hier dargestellt ?

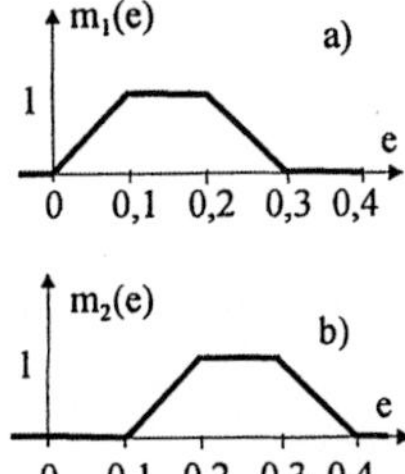

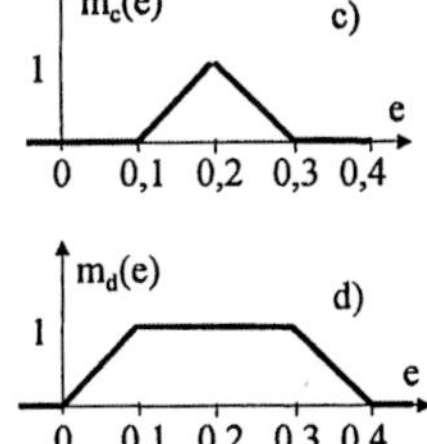

Bild 6.5 Unscharfe Mengen und Verknüpfungen durch logische Operationen mit Trapez-Zugehörigkeitsfunktionen

6.1.9 Regelbasis ①②

Erstellen Sie eine Regelbasis für die Temperaturregelung. Die Regelgröße ist die aktuelle Temperatur T_{ist}, die Führungsgröße ist T_{soll} und die Stellgröße ist die Wärmemenge Q.

6.1.10 Inferenz ①②

Ein Regelkreis hat im aktuellen Zustand die Regeldifferenz $e_{akt} = -0{,}2$ und deren Ableitung $\dot{e}_{akt} = 0{,}25$.

Dabei sind zwei Fuzzy-Mengen aktiv:

- 1.Regel: {WENN $e(t)$ „Negativ“ und $\dot{e}(t)$ „Positiv“, DANN Stellgröße $y(t) = -2$}
  Zugehörigkeitsgrade: $m_N(e) = 0{,}25$ und $m_P(\dot{e}) = 0{,}5$
- 2.Regel: {WENN $e(t)$ „Null“ und $\dot{e}(t)$ „Positiv“, DANN Stellgröße $y(t) = 1$}
  Zugehörigkeitsgrade: $m_{NU}(e) = 0{,}75$ und $m_P(\dot{e}) = 0{,}5$

Wie hoch sind die Erfüllungsgrade G_1 und G_2 der Regel ?

6.1.11 Defuzzifizierung ①②③

Im Bild 6.6 sind drei aktive Regeln P (Positiv), N (Negativ) und NU (Null) des DANN-Teils eines Fuzzy-Reglers gezeigt. Die Zugehörigkeitsfunktion der Stellgröße y ist durch $m(y)$ bezeichnet.

Die Erfüllungsgrade der Regeln P; N und NU sind $G_P = 0{,}2$; $G_N = 0$ und $G_{NU} = 0{,}8$.

a) Skizzieren Sie die resultierende Menge der Stellgrößen.

b) Berechnen Sie den Wert der defuzzifizierten Stellgröße y_{akt}.

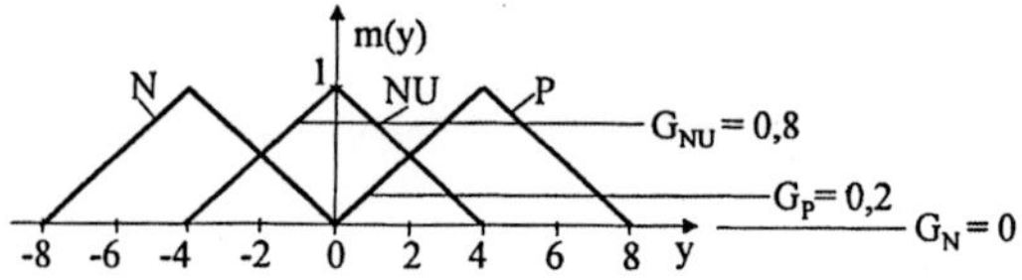

Bild 6.6 Aktive Regeln des DANN-Teils mit Erfüllungsgraden

6.1.12 Fuzzy-Logik mit RT-Neuronen ①②③④

Die Zugehörigkeitsfunktion einer aktiven Regel NU (Bild 6.7a) soll mit einem RT-Neuron [50, S.140-143] realisiert werden. Der Wirkungsplan des RT-Neurons besteht aus drei Grundgliedern (Bild 6.7b): Betragsbildung, P-Glied, Zweipunktglied.

a) Bestimmen Sie die Parameter des RT-Neurons.

b) Erweitern Sie die Ergebnisse für Zugehörigkeitsfunktionen des Bildes 6.7c

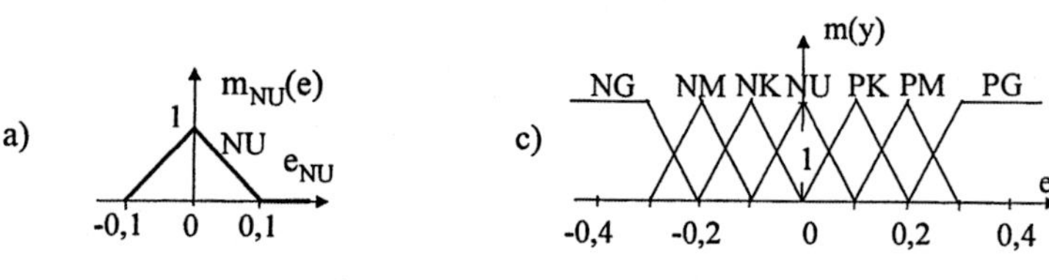

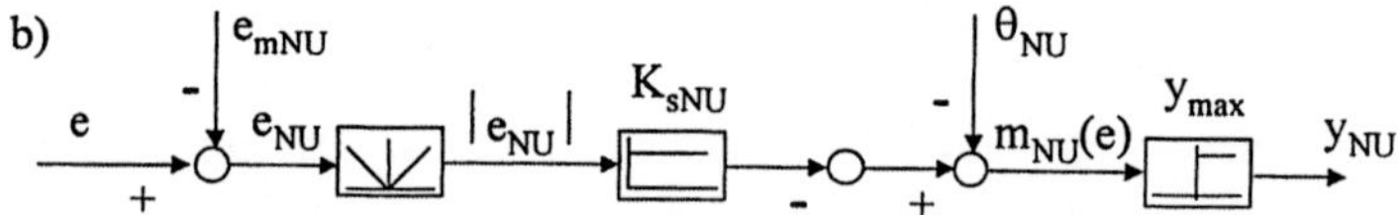

Bild 6.7 a) Zugehörigkeitsfunktion NU; b) Wirkungsplan des RT-Neurons für NU; c) Zugehörigkeitsfunktionen „Null“ (NU), „Positiv-klein, -mittel, -groß“ (PK), (PM), (PG) und „Negativ-klein, -mittel, -groß“ (NK), (NM), (NG)

6.1.13 Entwurf eines Fuzzy-Reglers mit RT-Neuronen ①②③④⑤

Eine I-T2 –Regelstrecke soll mit einem Fuzzy-Regler geregelt werden. Die Parameter der Regelstrecke sind gegeben: $K_{PS} = 1{,}5$; $T_1 = 0{,}1$sec; $T_2 = 0{,}5$sec und $K_{IS} = 0{,}02\ \text{sec}^{-1}$.

Der Regler (Bild 6.8a) besteht aus 5 RT-Neuronen [50, S.140-143]. Die Stellgröße $y(t)$ des Reglers ist als Summe der einzelnen Neuronenausgänge dargestellt (Bild 6.8b). Das Bild 6.8c enthält die Zugehörigkeitsfunktionen $m_i(e)$.

Die Einstellparameter des (i)-ten RT-Neurons sind:

- Steigung der Kennlinie $K_{s(i)}$
- Schwellenwert (max. Wert des Zugehörigkeitsgrades) θ_i
- Mittelpunkt der Zugehörigkeitsfunktion $e_{m(i)}$
- Maximale Stellgröße des RT-Neurons $y_{max(i)}$
- Proportionalbeiwert $K_{P(i)}$

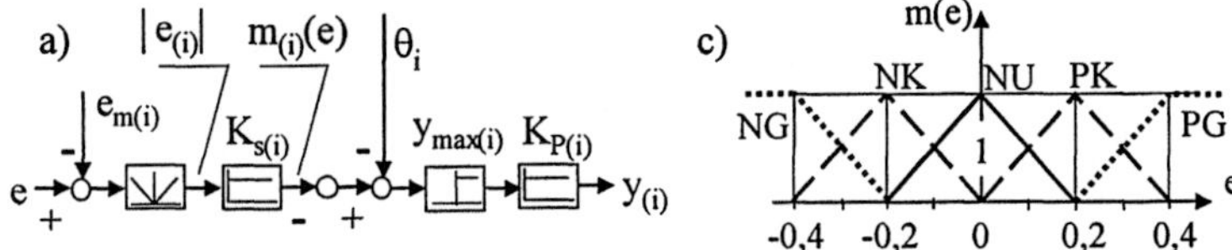

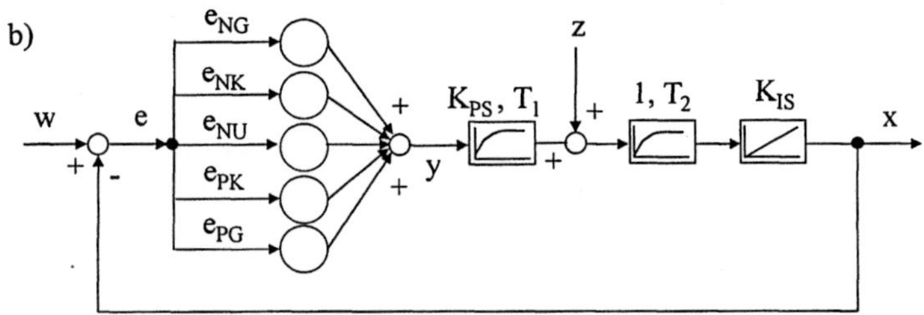

Bild 6.8 a) Wirkungsplan eines RT-Neurons; b) Wirkungsplan des Regelkreises mit fünf RT-Neuronen; c) Zugehörigkeitsfunktionen und fuzzifizierte Regeldifferenz

a) Fuzzifizieren Sie die Regeldifferenz mit Hilfe von RT-Neuronen.

b) Bestimmen Sie die kritischen Kennwerte von RT-Neuronen (Stabilitätsgrenze).

c) Bestimmen Sie die Einstellparameter des Reglers nach dem Betragsoptimum.

d) Die Zeitkonstante der Regelstrecke wird von $T_2 = 0{,}5$sec auf $T_2 = 2{,}0$sec geändert. Stellen Sie den Regler wiederum nach dem Betragsoptimum ein.

6.2 Neuronale Regelung

6.2.1 Hebb'sche Lernregel ①②③④

Eine Strecke wird nach dem A-Netz-Verfahren [50, S.127-133] mit einem BAM-Netz (Bild 6.9) mit $N = 6$ Ein- und $M = 4$ Ausgangsneuronen geregelt [33, S.26-37].

Die Neuronen haben *Z2*-Kennlinien (Abschnitt 1.5).

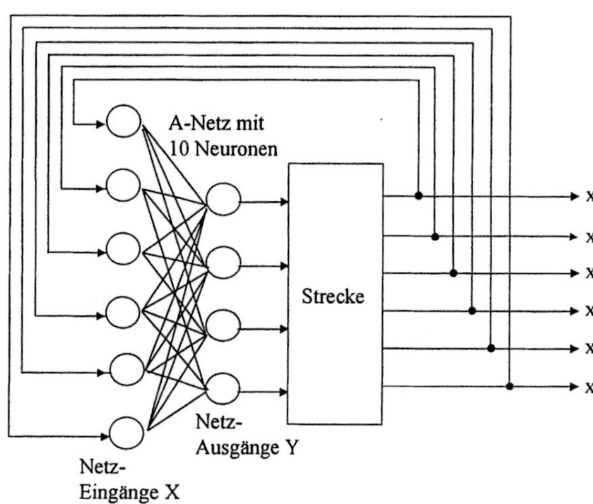

Das Netz hat zwei Zustände der Strecke nach der Hebb'schen Lernregel $\Delta W_{ij} = X_i \cdot Y_j$ gelernt:

$$X_1 = \begin{pmatrix} 1 \\ -1 \\ 1 \\ -1 \\ 1 \\ -1 \end{pmatrix} \quad Y_1 = \begin{pmatrix} 1 \\ 1 \\ -1 \\ -1 \end{pmatrix}$$

und

$$X_2 = \begin{pmatrix} 1 \\ 1 \\ 1 \\ -1 \\ -1 \\ -1 \end{pmatrix} \quad Y_2 = \begin{pmatrix} 1 \\ -1 \\ 1 \\ -1 \end{pmatrix}$$

Bild 6.9 Wirkungsplan eines Regelkreises mit BAM-Netz

Welche Werte haben die Stellgrößen, wenn die Strecke sich in einem dritten Zustand

$$X_3 = \begin{pmatrix} 1 \\ 1 \\ 1 \\ -1 \\ -1 \\ +1 \end{pmatrix}$$

befindet, der sich durch eine Komponente von X_2 unterscheidet ?

6.2.2 Delta-Lernregel

①②③④

Ein Perzeptron (Bild 6.10) mit Neuronen, die nach Sigmoid-Kennlinien vom Typ *S1* (Abschnitt 1.5) funktionieren, soll mit Hilfe von Gewichten W_1, W_2 trainiert werden, die Störgrößen z_1, z_2 zu erkennen und die Stellgröße y so zu auszugeben, daß die Regelgröße x konstant bleibt (Tabelle 6.1).

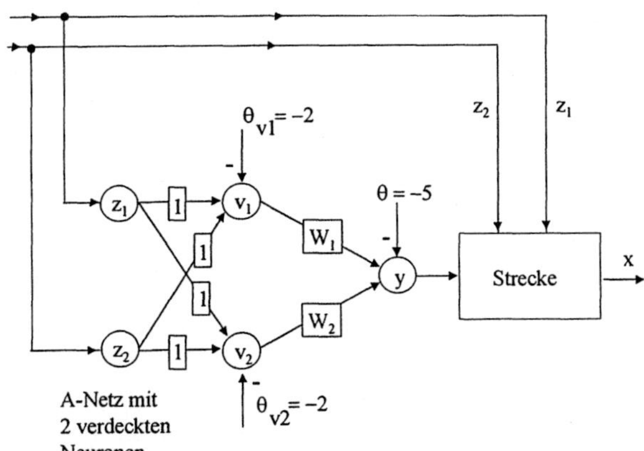

Bild 6.10 Wirkungsplan einer Steuerung mit Mehrschicht-Perzeptron

Tabelle 6.1 Vereinfachte Beschreibung der Strecke

Zustände	z_1	z_2	Y	X
1	0	0	−10	5
2	0,5	0,5	−10	5
3	−1	0	+10	5
4	0	−1	+10	5

a) Bestimmen Sie die Gewichte W_1, W_2 durch graphische Minimierung der Fehlerfunktion $E = \sum_{i=1}^{4} (d_i - y_i)^2$ nach dem Koordinatenabstiegs- und Gradientenabstiegsverfahren aus zwei Anfangspunkten, A(−2;4) und B(−1,5; 2), wobei d_i und y_i die Soll- und Ist-Ausgänge des Netzes sind.

b) Bestimmen Sie die Gewichte W_1, W_2 des Netzes nach der Delta-Regel für die verdeckten Neuronen v_1, v_2 mit der Lernschrittweite $\eta = 0{,}9$:

$$W_{i(neu)} = W_{i(alt)} + \Delta \cdot \eta \cdot v_i$$

c) Vergleichen Sie die Lösungen zu a) und b) miteinander. Welches Suchverfahren funktioniert schneller ? Welcher Algorithmus ist einfacher ? Welche Vorteile hat die Delta-Lernregel ?

6.2.3 Identifikation mit Backpropagation ①②③④⑤

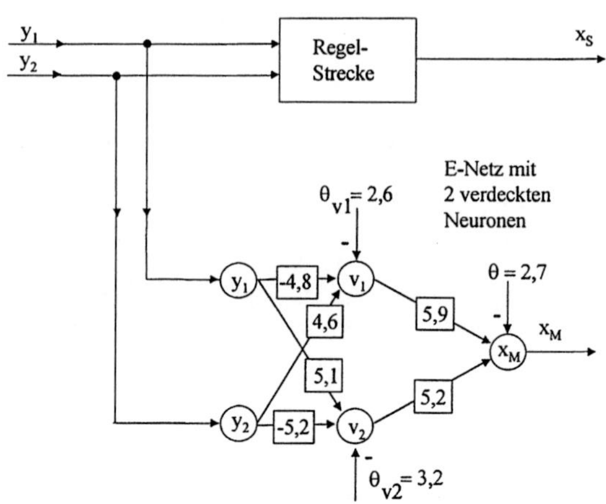

Die Meßwerte einer Regelstrecke während der Identifikationsperiode t_1 bis t_4 sind gegeben:

$$Y_1 = (0\ 1\ 0\ 1),$$

$$Y_2 = (0\ 0\ 1\ 1),$$

$$X_S = (0\ 1\ 1\ 0).$$

Ein Perzeptron [32, S.83] mit Kennlinien vom Typ *S1* (Abschnitt 1.5) ist als ein E-Netz [50, 127-131] eingesetzt (Bild 6.11).

Überprüfen Sie, ob das Netz fehlerfrei funktioniert.

Bild 6.11 Identifikation mit Mehrschicht-Perzeptron

6.2.4 Umschulung eines Perzeptrons ①②③④

Der Ausgang X_M eines Mehrschicht-Perzeptrons (Bild 6.12) mit statischen *Z1*-Kennlinien (Abschnitt 1.5) erkennt den Soll-Ausgang der Regelstrecke $X_S = (0\ 1\ 1\ 0)$ mit Eingängen:

$Y_1 = (0\ 1\ 0\ 1)$ und $Y_2 = (0\ 0\ 1\ 1)$.

Danach ändern sich die Parameter und die Zustände der Regelstrecke:

$Y_1 = (0\ 4\ 0\ 4)$, $Y_2 = (0\ 0\ 4\ 4)$,

$X_S = (0\ 1\ 1\ 0)$.

Nach einigen Iterationen konvergiert das Netz zu $\theta_V = 4{,}5$ und $W = -6$. Gelingt damit die Umschulung des Netzes oder wird es weiter trainiert ?

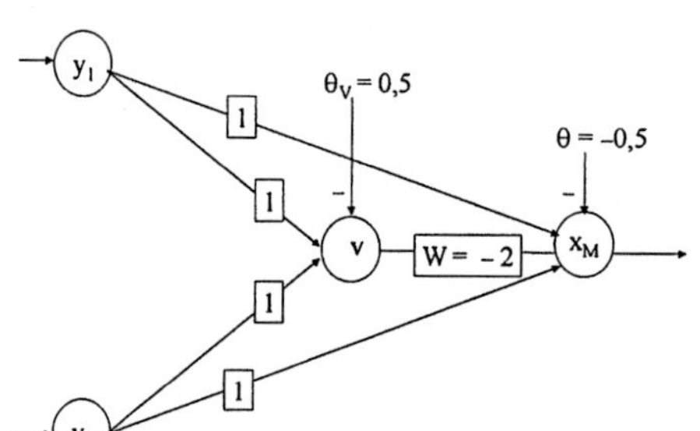

Bild 6.12 Das Netz mit Einstellparametern θ_V und W

6.2.5 Lernvorgang eines Hopfield-Netzes

①②③④⑤

Eine Regelstrecke wird mit dem Hopfield-Netz als Systeminverse [50, S.127-131] geregelt (Bild 6.13a).

Das symmetrische Hopfield-Netz besteht aus drei Neuronen, hat binäre Eingänge und Kennlinien vom Typ *Z1* (Abschnitt 1.5).

Der Anfangszustand des Netzes ist im Bild 6.13b dargestellt. Nachdem das Netz zwei Zustandsvektoren der Regelstrecke:

$$X_1 = (x_{11}\ x_{12}\ x_{13})$$

$$X_2 = (x_{21}\ x_{22}\ x_{23}),$$

zu erkennen gelernt hat, weist es die im Bild 6.13c gezeigten Parameter aus.

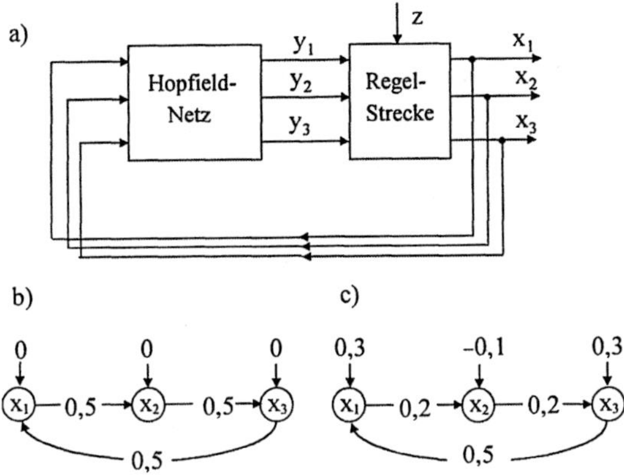

Bild 6.13 a) Hopfield-Netz als Systeminverse
b) Netz vor dem Lernvorgang
c) Netz nach dem Lernvorgang

Die Änderung der Energie *E* des Netzes während des Lernens ist der Tabelle 6.2 zu entnehmen.

Tabelle 6.2 Der Lernvorgang des Hopfield-Netzes mit drei Neuronen

Zustand der Strecke $x_1\ x_2\ x_3$	0 0 0	0 0 1	0 1 0	0 1 1	1 0 0	1 0 1	1 1 0	1 1 1
Anfangsenergiewert	0	0	0	-0,25	0	-0,25	-0,25	-0,75
Energie nach der 1.Iteration	0	0	0	-0,25	0,15	-0,25	0,05	-0,45
Energie nach der 2.Iteration	0	0	-0,05	-0,3	0,15	-0,1	0	-0,5
Energie nach der 3.Iteration	0	0,15	-0,05	0	0,15	0,05	0	-0,2
Energie des trainierten Netzes	0	0,15	-0,05	0	0,15	0,05	0	-0,2

Welche zwei Zustände der Regelstrecke hat das Netz gelernt ?

6.2.6 Regelung mit Hopfield-Netz ①②③④

Eine Strecke wird mit dem symmetrischen Hopfield-Netz (Bild 6.14) als Systeminverse geregelt [50, S.127-131]. Das Netz besteht aus Neuronen vom Typ *Z1* (Abschnitt 1.5) mit binären Eingängen. Die Schwellenwerte θ des Netzes sind: $\theta_1 = -0{,}1$ und $\theta_2 = \theta_3 = 0$.

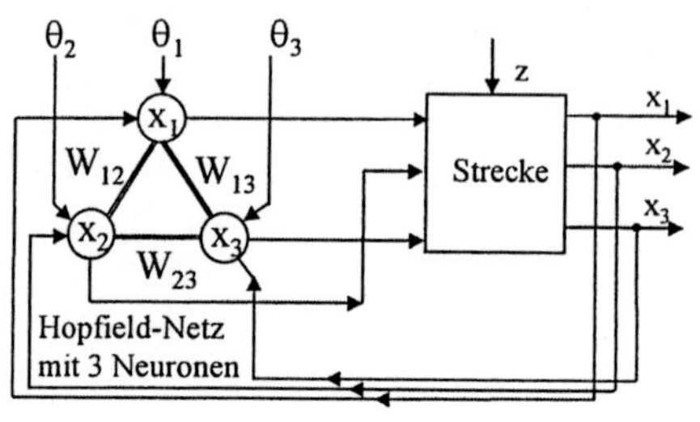

Bild 6.14 Regelkreis mit Hopfield-Netz

Die Gewichtsmatrix des trainierten Netzes ist auch gegeben:

$$W = \begin{pmatrix} 0 & -0{,}5 & 0{,}2 \\ -0{,}5 & 0 & 0{,}6 \\ 0{,}2 & 0{,}6 & 0 \end{pmatrix}$$

Zu welchem Zustand konvergiert das Netz aus einem Anfangzustand $x_1 = 0$; $x_2 = 1$ und $x_3 = 0$?

6.2.7 Regelung mit IAC-Netz ①②③④

Ein IAC-Netz mit binären Eingängen und mit linearen Kennlinien vom Typ *L2* (Abschnitt 1.5) soll den Vektor der Störgrößen $Z = (z_1 \; z_2 \; z_3 \; z_4)$ erkennen und ein passendes Stellsignal $s = +10$V oder $s = -10$V ausgeben (Bild 6.15a). Die zwei dafür eingesetzten Netze sind unten im Bild dargestellt: Netz 1 im Bild 6.15b und Netz 2 im Bild 6.15c.

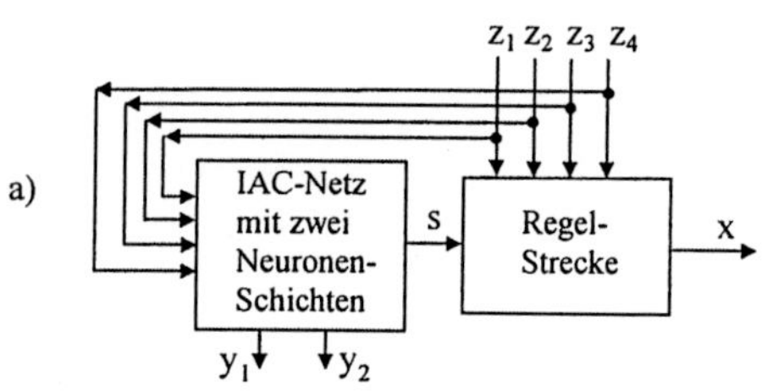

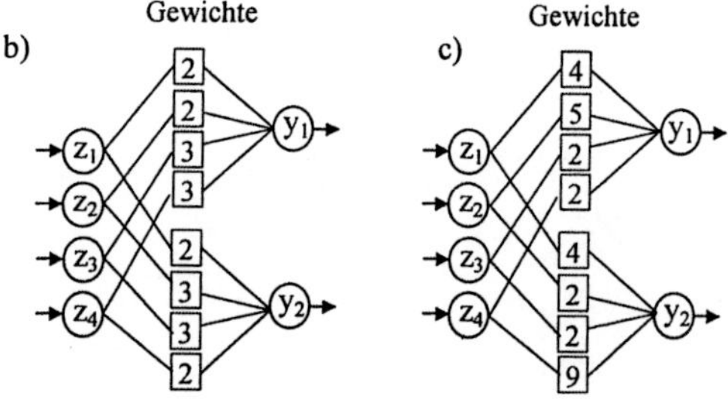

Die Netze sollen nach Konkurrenzregeln [50, S.101-107] trainiert werden.

Ist das Neuron y_1 der Gewinner, so gehört der Netzeingang zur Klasse A und damit ist das Stellsignal $s = +10$V. Mit dem Neuron y_2 als Gewinner gehört der Netzeingang zur Klasse B mit dem Stellsignal $s = -10$V. Gibt es keinen klaren Gewinner, so wird kein Stellsignal ausgegeben.

Welches der beiden Netze wird nach dem Lernen für die Steuerungsaufgabe geeignet sein, wenn die Stellgröße $s = -10$V für Störsignale $Z_1 = (1 \; 1 \; 0 \; 1)$ und $Z_2 = (1 \; 1 \; 0 \; 0)$ ausgegeben werden soll ?

Bild 6.15 Steuerung mit einem IAC-Netz: a) Wirkungsplan; b) IAC-Netz 1; c) IAC-Netz 2

6.2.8 Lernvorgang eines RT-Neurons ①②③④⑤

Ein RT-Neuron [50, S.15-18] mit dem Schwellenwert θ, dem Sollwert d und der Lernschrittweite η ist im Bild 6.16 gestellt ($x_1 = x_3 = 1$, $x_2 = x_4 = 2$).

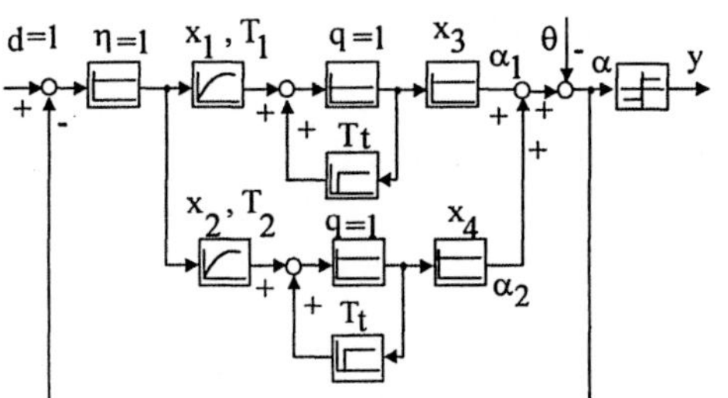

a) Zu welchen Gewichten konvergiert das RT-Neuron ?

b) Wie ändern sich die Gewichte, wenn $\theta = 1$ ist ?

Bild 6.16 RT-Neuron nach [50]

6.2.9 Identifikation mit RT-Neuron ①②③④⑤

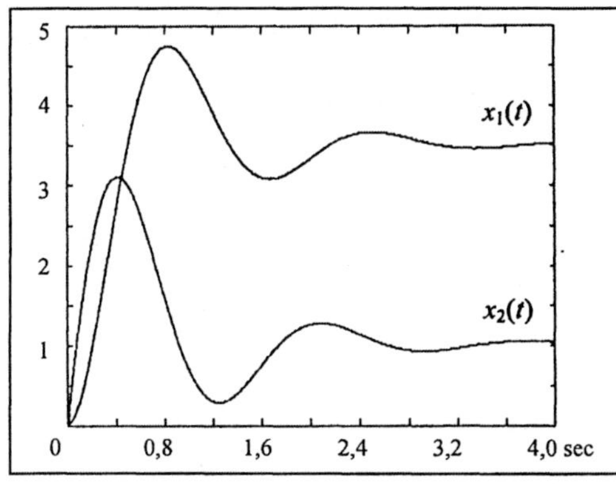

Die Meßwerte zur Identifikation einer Regelstrecke mit einem Eingang u und zwei Ausgängen x_1 und x_2 sind im Bild 6.17 eingetragen.

Bestimmen Sie die Kennwerte der Regelstrecke.

Bild 6.17

Meßwerte zur Identifikation

6.2.10 Regelung mit RT-Neuron ①②③④⑤

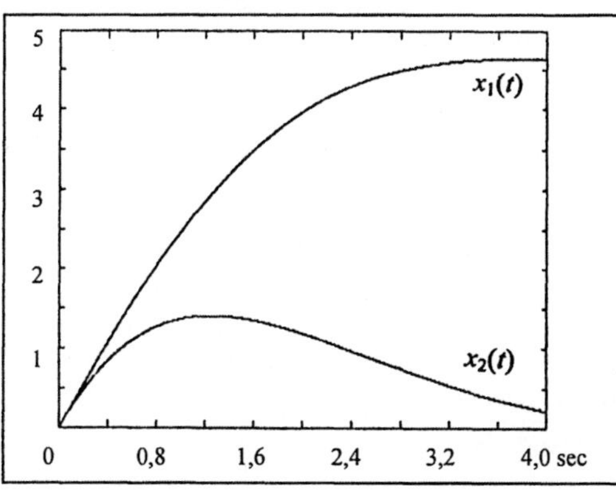

Die Sprungantworten einer Regelstrecke mit einem Eingang u(t) und zwei Ausgängen x_1(t) und x_2(t) sind im Bild 6.18 dargestellt.

Die Regelstrecke soll mit einem RT-Neuron [50, S. 15-18] geregelt werden.

Bestimmen Sie die Parameter des Neuroreglers nach dem Betragsoptimum.

Bild 6.18 Sprungantworten der Regelstrecke

Lösungen zum Kapitel 2: Lineare Regelung

Lösungen zum Abschnitt 2.1: Bauglieder des Regelkreises

Lösung zu **2.1.1 Winkelregelung einer Antenne**

Der Regelkreis besteht aus folgenden Bauteilen, die nach DIN 19226 in der Tabelle unten aufgelistet sind und im Wirkungsplan des Bildes L.1 dargestellt.

Bauglieder nach DIN 19226	Bauelemente der Antennenregelung
Regelstrecke	Antenne mit Winkel α_x als Regelgröße und Motorspannung U_A als Stellgröße
Stellglied/Steller	Motor mit Getriebe
Meßeinrichtung	Potentiometer mit Ausgangsspannung U_x
Regelglied	Leistungsverstärker mit Spannungsdifferenz U_e am Eingang und Motorspannung U_A am Ausgang
Bildung der Führungsgröße	Potentiometer mit Ausgangsspannung U_w

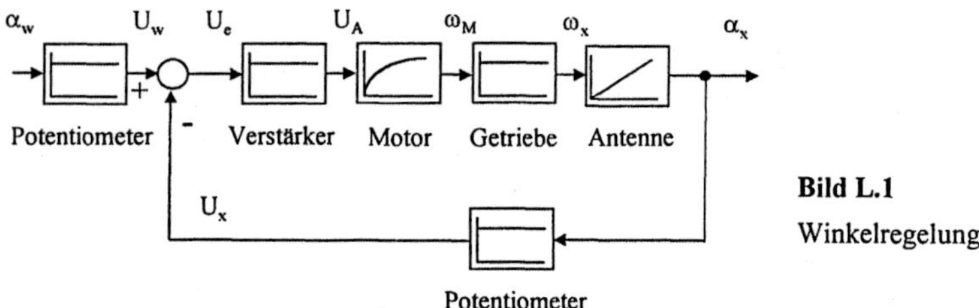

Bild L.1 Winkelregelung

Lösung zu **2.1.2 Feder-Dämpfer-System (1)**

Der Wirkungsplan ist im Bild L.2 skizziert und besteht aus zwei I-Gliedern mit je einer starren Rückführung (P-Glieder mit Proportionalbeiwerten B und C). Die I-Glieder stellen den Übergang von der Beschleunigung über die Geschwindigkeit bis zum Weg dar.

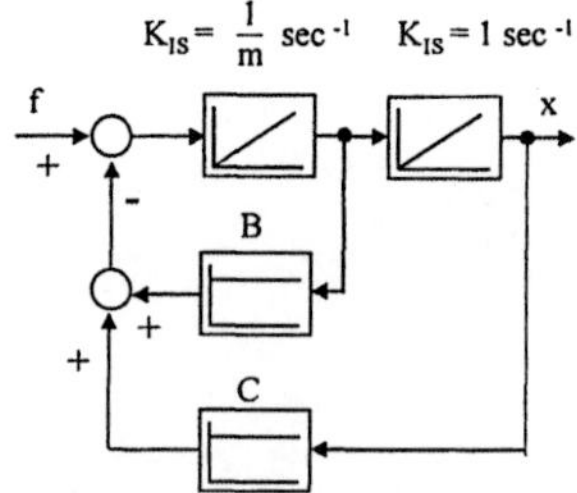

Bild L.2 Wirkungsplan

Lösung zu **2.1.3 Feder-Dämpfer-System (2)**

Der Wirkungsplan im Bild L.3 stellt eine Kreisschaltung mit der Rückführung als Reihenschaltung von P- und I-Gliedern dar.

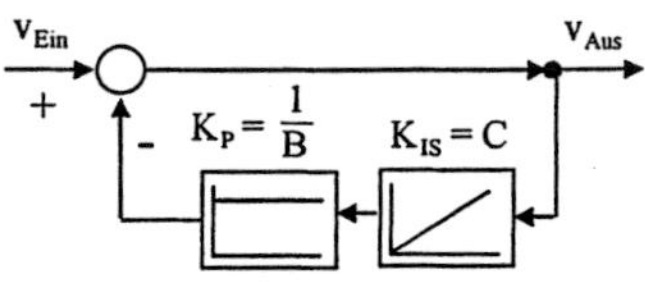

Bild L.3 Wirkungsplan

Lösung zu **2.1.4 Lageregelung eines Magnetschwebekörpers**

Der Wirkungsplan für kleine Abweichungen vom Arbeitspunkt ist im Bild L.4 gezeigt. Die Magnetspule ist durch drei Blöcke dargestellt. Damit ist die Zeitverzögerung des Elektromagneten sowie die Rückwirkung der Kugel auf die Magnetkraft berücksichtigt.

Die Vorzeichenumkehrungen beachten die folgenden Eigenschaften des Regelkreises:

- die Invertierung von Operation- und Leistungsverstärker,
- das negative Vorzeichen des Proportionalbeiwertes K_x von Magnetkraft,
- das negative Vorzeichen des Proportionalbeiwertes $(1/m)$ nach dem Newton'schen Kraft-Gesetz $F_m(t) - P = -m \cdot \ddot{X}(t)$ oder umgestellt für die Abweichungen:

$$\ddot{x}(t) = -\frac{1}{m} \cdot f_m$$

Damit entsteht eine Mitkopplung in der Rückführung mit dem Schwebekörper, was seinem instabilen Verhalten entspricht. Da die Anzahl der Vorzeichenwechsel im Regelkreis ungerade ist, stellt die Rückführung des Regelkreises eine Gegenkopplung dar. Unter geeigneter Einstellung des PID-Operationsverstärkers kann die Kugellage im Magnetfeld stabilisiert werden.

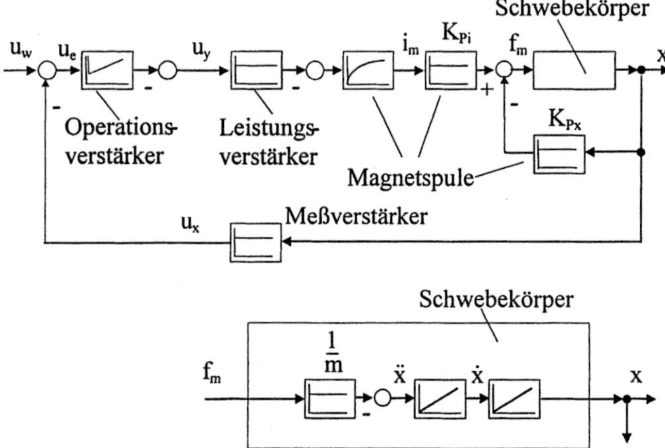

Bild L.4 Wirkungsplan einer Lageregelung im Magnetfeld. Der Wirkungsplan des Schwebekörpers ist im unteren Teil des Bildes verdeutlicht.

Lösung zu **2.1.5 Winkelgeschwindigkeitsregelung einer Windkraftanlage**

Gemäß Aufgabenstellung hat der Regelkreis folgende Hauptvariablen: Regelgröße $\omega(t)$, Führungsgröße $w(t)$, Stellgröße $\varphi(t)$ und Störgröße $v(t)$. Der Wirkungsplan ist im Bild L.5 dargestellt. Um die Rotationsgeschwindigkeit aus der Ableitung gewinnen zu können, ist im Wirkungsplan ein I-Glied mit $K_I = 1\sec^{-1}$ vorgesehen.

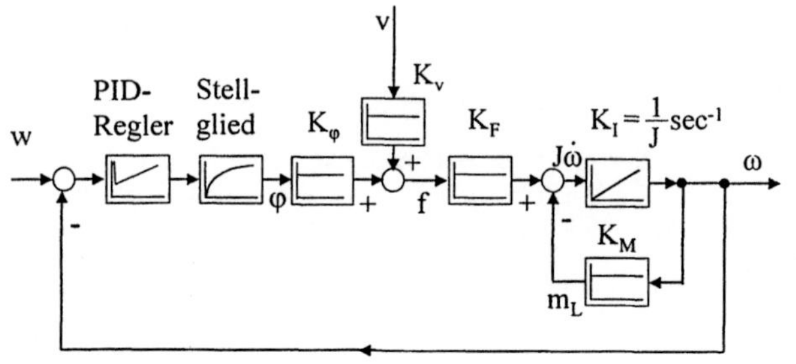

Bild L.5

Wirkungsplan der Winkelgeschwindigkeitsregelung

Lösung zu **2.1.6 Lageregelung eines Roboterarmes**

Der gesuchte Wirkungsplan ist im Bild L.6 gezeigt.

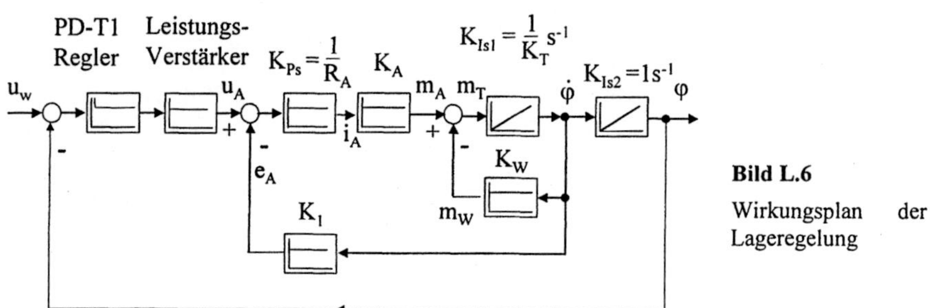

Bild L.6

Wirkungsplan der Lageregelung

Lösungen zum Abschnitt 2.2: Statische Kennlinien

Lösung zu	**2.2.1** Lineare Regelstrecke	**2.2.2** Linearisierte Regelstrecke	**2.2.3** Arbeitspunkt	**2.2.4** DGL und statische Kennlinie
Antwort	a	b	a	c

Lösungen zum Abschnitt 2.3: Linearisierung

Lösung zu	**2.3.1** Graphische Linearisierung: Stellverhalten	**2.3.2** Graphische Linearisierung Störverhalten	**2.3.3** Analytische Linearisierung	**2.3.4** Proportional-beiwerte im Arbeitspunkt
Antwort	f	c	b	c

Lösungen zum Abschnitt 2.4: Reeller Regelfaktor

Lösung zu	**2.4.1** Führungsverhalten	**2.4.2** Störverhalten	**2.4.3** Kreis-Verstärkung	**2.4.4** Kennlinie des Reglers
Antwort	d	d	c	c

Lösungen zum Abschnitt 2.5: Aufstellen von DGL

Lösung zu **2.5.1 Winkelgeschwindigkeitsregelung (Drehzahlregelung)**

Die mathematische Beschreibung der Regelstrecke ergibt sich durch Eliminieren von Zwischengrößen aus den gegebenen Zusammenhängen:

$$m_{\mathrm{A}}(t) = m_{\mathrm{T}}(t) + m_{\mathrm{B}}(t) = K_{\mathrm{T}} \cdot \dot{\omega}(t) + m_{\mathrm{B}}(t)$$

$$K_{\mathrm{A}} \cdot i_{\mathrm{A}}(t) = K_{\mathrm{A}} \cdot \left(\frac{1}{R_{\mathrm{A}}} \cdot u_{\mathrm{A}}(\mathrm{t}) - K_{\mathrm{u}} \cdot \omega(\mathrm{t}) \right) = K_{\mathrm{T}} \cdot \dot{\omega}(t) + m_{\mathrm{B}}(t)$$

$$K_{\mathrm{T}} \cdot \dot{\omega}(t) + K_{\mathrm{A}} \cdot K_{\mathrm{u}} \cdot \omega(\mathrm{t}) = \frac{K_{\mathrm{A}}}{R_{\mathrm{A}}} \cdot u_{\mathrm{A}}(\mathrm{t}) - m_{\mathrm{B}}(t)$$

oder in Normalform:

$$\underbrace{\frac{K_{\mathrm{T}}}{K_{\mathrm{A}} \cdot K_{\mathrm{u}}}}_{T_1} \cdot \dot{\omega}(t) + \omega(\mathrm{t}) = \underbrace{\frac{1}{R_{\mathrm{A}} \cdot K_{\mathrm{u}}}}_{K_{\mathrm{Py}}} \cdot u_{\mathrm{A}}(\mathrm{t}) - \underbrace{\frac{1}{K_{\mathrm{A}} \cdot K_{\mathrm{u}}}}_{K_{\mathrm{Pz}}} \cdot m_{\mathrm{B}}(t)$$

Mit den Substitutionen $y = u_{\mathrm{A}}(t)$ und $z = m_{\mathrm{B}}(t)$ für die Eingänge sowie $x = \omega(t)$ für den Ausgang erhält die DGL die Normalform:

$$T_1 \cdot \dot{x}(t) + x(\mathrm{t}) = K_{\mathrm{Py}} \cdot y(\mathrm{t}) - K_{\mathrm{Pz}} \cdot z(t)$$

Die mathematische Beschreibung des P-Reglers ist:

$$y(\mathrm{t}) = K_{\mathrm{PR}} \cdot e(\mathrm{t})$$

Die DGL des Regelkreises entsteht durch die Verknüpfung von Gleichungen für den Regler und die Strecke unter Berücksichtigung der Additionsstelle $e(t) = w(t) - x(t)$, wobei die Führungsgröße $w(t)$ die Änderung der Ankerspannung im Arbeitspunkt U_{A0} ist:

$$T_1 \cdot \dot{x}(t) + x(\mathrm{t}) = K_{\mathrm{Py}} \cdot K_{\mathrm{PR}} \cdot [w(t) - x(t)] - K_{\mathrm{Pz}} \cdot z(t)$$

oder in Normalform:

$$T_1 \cdot \dot{x}(t) + (1 + K_{\mathrm{Py}} \cdot K_{\mathrm{PR}}) \cdot x(t) = K_{\mathrm{Py}} \cdot K_{\mathrm{PR}} \cdot w(\mathrm{t}) - K_{\mathrm{Pz}} \cdot z(t)$$

$$\underbrace{\frac{T_1}{1 + K_{\mathrm{Py}} \cdot K_{\mathrm{PR}}}}_{T_{\mathrm{W1}}} \cdot \dot{x}(t) + x(t) = \underbrace{\frac{K_{\mathrm{Py}} \cdot K_{\mathrm{PR}}}{1 + K_{\mathrm{Py}} \cdot K_{\mathrm{PR}}}}_{K_{\mathrm{W}}} \cdot w(\mathrm{t}) - \underbrace{\frac{K_{\mathrm{Pz}}}{1 + K_{\mathrm{Py}} \cdot K_{\mathrm{PR}}}}_{K_{\mathrm{Z}}} \cdot z(t)$$

Lösung zu **2.5.2 Schwebekörper im Magnetfeld**

Die Lösung besteht aus folgenden Schritten:

⇒ *Schritt 1:* Dynamisches Verhalten der Kugel (Beschleunigung, Geschwindigkeit, Weg) mathematisch beschreiben und linearisieren

⇒ *Schritt 2:* Kennlinienfeld der Magnetspule linearisieren

⇒ *Schritt 3:* Elektrischen Stromkreis der Magnetspule linearisieren

⇒ *Schritt 4:* Übertragungsfunktion des Regelkreises bestimmen

Schritt 1:

Das statische Verhalten: $F_{\mathrm{m0}} = P = m \cdot g$

Das dynamische Verhalten: $F_{\mathrm{m}} - P = -m \cdot \ddot{X}$

Für kleine Abweichungen vom Arbeitspunkt $f_{\mathrm{m}} = F_{\mathrm{m}} - F_{\mathrm{m0}}$ und $x = X - X_0$ gilt das linearisierte dynamische Verhalten $F_{\mathrm{m0}} + f_{\mathrm{m}} - P = -m \cdot (\ddot{X}_0 + \ddot{x})$.

Da $F_{\mathrm{m0}} = P$ und $\ddot{X}_0 = 0$ sind, ergibt sich: $f_{\mathrm{m}} - P = -m \cdot \ddot{x}$. Daraus folgen:

Beschleunigung: $\ddot{x}(t) = -\underbrace{\frac{1}{m}}_{K_{\mathrm{PB}}} \cdot f_{\mathrm{m}}(t) = -K_{\mathrm{PB}} \cdot f_{\mathrm{m}}(t)$

Geschwindigkeit: $\dot{x}(t) = \int \ddot{x}(t)dt$

Weg: $x(t) = \int \dot{x}(t)dt$

Schritt 2: Die linearisierte Gleichung mit den Proportionalbeiwerten im Arbeitspunkt

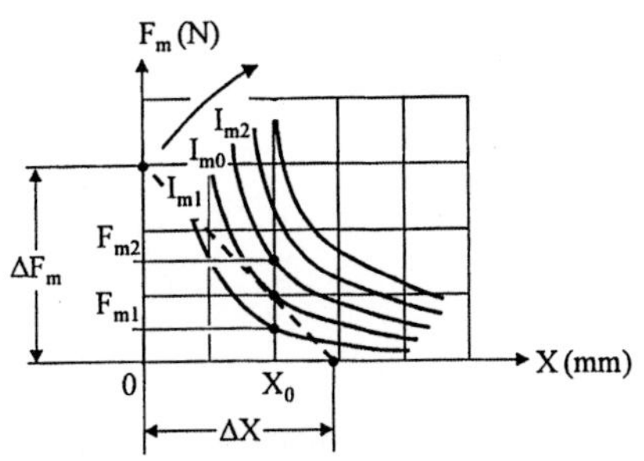

$$K_{Pi} = \left.\frac{\partial F_m}{\partial I_m}\right|_0 \qquad K_{Px} = \left.\frac{\partial F_m}{\partial X}\right|_0$$

ist $f_m = K_{Pi} \cdot i_m + K_{Px} \cdot x$.

Aus der Steigung der Kennlinien erkennt man, daß K_{Px} negativ ist (Bild L.7).

Bild L.7 Linearisierung der Magnetspule

Schritt 3: Die linearisierte Gleichung des Stromkreises ist:

$$L_m \cdot \frac{di_m}{dt} + R_m \cdot i_m = u_m \quad \text{oder in Normalform:} \quad \underbrace{\frac{L_m}{R_m}}_{T_m} \cdot \frac{di_m}{dt} + i_m = \underbrace{\frac{1}{R_m}}_{K_{Pm}} \cdot u_m$$

Schritt 4: Unter Berücksichtigung der Invertierung des Verstärkers erhält man die Übertragungsfunktionen (Bild L.8): 1)Leistungsverstärker: $G_1(s) = K_{PV}$; 2) Magnetspule:

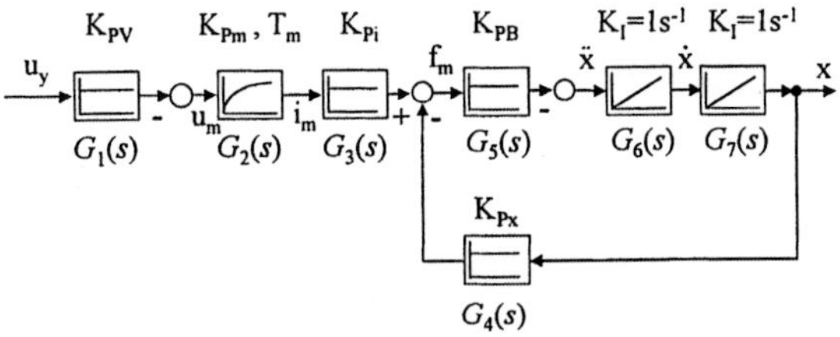

$$G_2(s) = \frac{K_{Pm}}{1 + sT_m}$$

3) u.4) Magnetkraft:

$$G_3(s) = K_{Pi}$$

$$G_4(s) = K_{Px}$$

5) bis 7) Schwebeköper:

$G_5(s) = K_{PB}$ mit

zwei I-Glieder: $G_6(s) = G_7(s) = \frac{1}{s}$.

Bild L.8 Wirkungsplan der Regelstrecke

Die Übertragungsfunktion der Regelstrecke ist:

$$G_S(s) = -K_{PV} \cdot \frac{K_{Pm}}{1 + sT_m} \cdot K_{Pi} \cdot \frac{-\frac{K_{PB} \cdot K_I \cdot K_I}{s^2}}{1 - \frac{K_{PB} \cdot K_{Px}}{s^2}} \quad \text{oder nach Vereinfachung:}$$

$$G_S(s) = -\frac{K_{PV} \cdot K_{Pm} \cdot K_{Pi}}{K_{Px}} \cdot \frac{1}{(1 + s \cdot T_m)(1 - s^2 \cdot T_S^2)}$$, wobei die Zeitkonstante ist:

$$T_S = \frac{1}{K_{PB} \cdot K_{Px}}$$

Lösung zu **2.5.3 Rotorgeschwindigkeitsregelung einer Windkraftanlage**

Die Lösung besteht aus folgenden Schritten:

⇒ Regelstrecke linearisieren

⇒ Zwischengrößen M_L und F_m eliminieren

⇒ DGL in Normalform darstellen

⇒ Übertragungsfunktion der Regelstrecke bestimmen

⇒ Übertragungsfunktion des Regelkreises aufstellen

Die linearisierten Gleichungen der Regelstrecke für kleine Abweichungen vom Arbeitspunkt sind (Bild L.9):

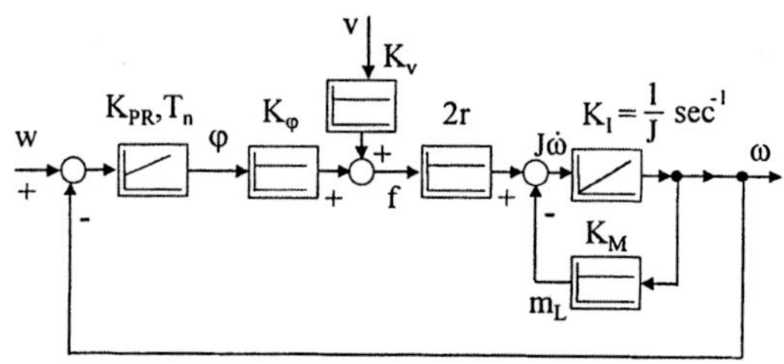

$$f(t) = K_V \cdot v(t) + K_\varphi \cdot \varphi(t)$$

$$m_L(t) = K_2 \cdot \omega(t)$$

$$J \cdot \dot{\omega}(t) = 2 \cdot r \cdot f(t) - m_L(t)$$

Bild L.9 Wirkungsplan der Windkraftanlage mit dem PI-Regler

Die Koeffizienten K_V und K_φ werden für den Arbeitspunkt berechnet:

$$K_V = \left.\frac{\partial F}{\partial V}\right|_0 = 2 \cdot K_1 \cdot V_0 \cdot \sin^2 \Phi_0$$

$$K_\varphi = \left.\frac{\partial F}{\partial \Phi}\right|_0 = 2 \cdot K_1 \cdot V_0^2 \cdot \sin \Phi_0 \cdot \cos \Phi_0$$

Daraus folgt die DGL der Regelstrecke:

$$J \cdot \dot{\omega}(t) = 2 \cdot r \cdot f(t) - m_L(t) = 2 \cdot r \cdot \left[K_V \cdot v(t) + K_\varphi \cdot \varphi(t)\right] - K_2 \cdot \omega(t)$$

$$J \cdot \dot{\omega}(t) + K_2 \cdot \omega(t) = 2 \cdot r \cdot K_V \cdot v(t) + 2 \cdot r \cdot K_\varphi \cdot \varphi(t)$$

oder in Normalform:

$$\underbrace{\frac{J}{K_2}}_{T_1} \cdot \dot{\omega}(t) + \omega(t) = \underbrace{\frac{2 \cdot r \cdot K_V}{K_2}}_{K_{Pz}} \cdot v(t) + \underbrace{\frac{2 \cdot r \cdot K_\varphi}{K_2}}_{K_{Py}} \cdot \varphi(t)$$

$$T_1 \cdot \dot{x}(t) + x(t) = K_{Py} \cdot y + K_{Pz} \cdot z$$

Damit läßt sich das Übertragungsverhalten der Regelstrecke beschreiben:

$$G_{\mathrm{Sy}}(s)=\frac{K_{\mathrm{Py}}}{1+sT_1} \quad \text{(Übertragungsfunktion für Stellverhalten)}$$

$$G_{\mathrm{Sz}}(s)=\frac{K_{\mathrm{Pz}}}{1+sT_1} \quad \text{(Übertragungsfunktion für Störverhalten)}$$

Zusammen mit der Übertragungsfunktion des PI-Reglers

$$G_{\mathrm{R}}(s)=\frac{K_{\mathrm{PR}}\cdot(1+sT_{\mathrm{n}})}{sT_{\mathrm{n}}}$$

ergibt sich die Übertragungsfunktion des Regelkreises für das Störverhalten:

$$G_{\mathrm{Z}}(s)=\frac{G_{\mathrm{VZ}}(s)}{1+G_0(s)}=\frac{G_{\mathrm{Sz}}(s)}{1+G_{\mathrm{R}}(s)\cdot G_{\mathrm{Sy}}(s)}=\frac{s\cdot T_{\mathrm{n}}K_{\mathrm{Pz}}}{sT_{\mathrm{n}}\cdot(1+sT_1)+K_{\mathrm{PR}}K_{\mathrm{Py}}\cdot(1+sT_{\mathrm{n}})}$$

Lösung zu **2.5.4 Temperaturregelung eines Reaktors**

Die DGL der Gesamtstrecke

$$T\cdot\dot{x}(s,\lambda)+x(s,\lambda)=K\cdot x_{\mathrm{Ein}}(s)$$

wird mit der Schrittweite

$$\Delta\lambda=\frac{L}{5} \quad \text{digitalisiert, d.h.}$$

$$\frac{dx(s,\lambda)}{dt}\approx\frac{x_{i+1}(s)-x_i(s)}{\Delta\lambda}.$$

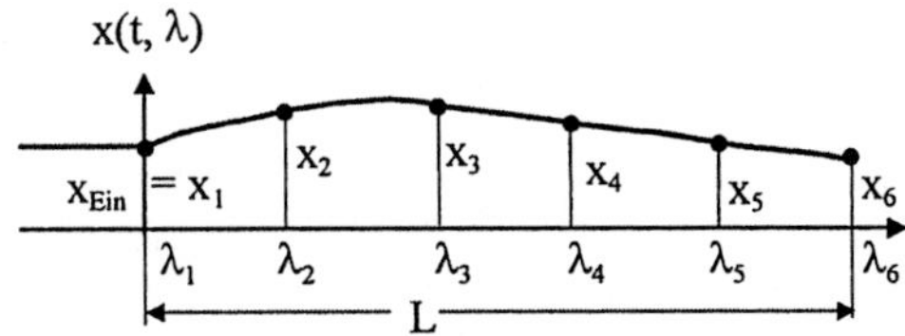

Bild L.10 Temperaturprofil des Reaktors und die Übertragungsfunktionen von einzelnen Elementen

Es entstehen die Übertragungsfunktionen $G_i(s)$ mit konstanten Kennwerten für die einzelnen Reaktorelemente (Bild L.10):

$$G_{\mathrm{i}}(s)=\frac{x_{\mathrm{i+1}}(s)}{x_{\mathrm{i}}(s)}=\frac{K_{\mathrm{Pi}}}{1+sT_{\mathrm{i}}}$$

Die Übertragungsfunktionen für die einzelnen Ausgänge ergeben sich als Reihenschaltung von Reaktorelementen, z.B. für $i = 3$:

$$G_{13}(s)=\frac{x_3(s)}{x_{\mathrm{Ein}}(s)}=G_1(s)\cdot G_2(s)=\frac{K_{\mathrm{P1}}\cdot K_{\mathrm{P2}}}{(1+sT_1)\cdot(1+sT_2)}$$

Lösung zu **2.5.5 Temperaturregelung eines Induktionsofens**

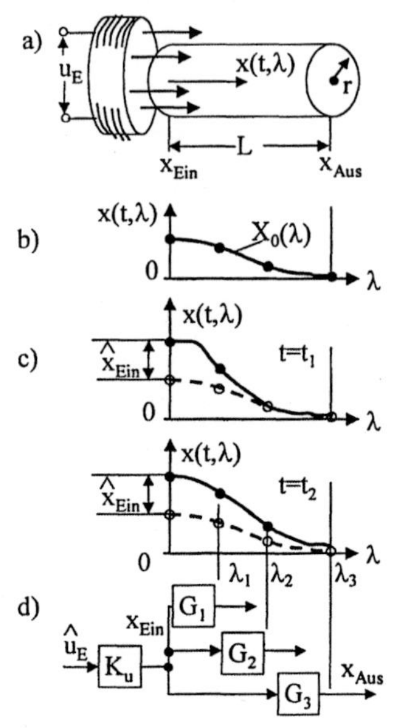

Bild L.11 Induktionsofen

Die DGL der Regelstrecke (Bild L.11a) wird für die Zeit t mit dem Laplace-Operator $s = j\omega$ transformiert:

$$\frac{\partial^2 x(s,\lambda)}{\partial \lambda^2} = s \cdot T_1 \cdot x(s,\lambda)$$

Danach wird die Laplace-Transformation für die Variable λ mit dem Operator p unter den Grenzbedingungen $x(0, L) = 0$ und $x(\infty,0) = 0$ angewendet:

$$p^2 \cdot x(s,p) = s \cdot T_1 \cdot x(s,p) \text{ oder } p^2 - s \cdot T_1 = 0$$

Daraus folgt der Zusammenhang zwischen den beiden Operatoren: $p = \sqrt{s \cdot T_1}$ oder $p = \sqrt{j\omega T_1}$.

Die Regelgröße $x(t, \lambda)$ besitzt im Anfangszustand ein Temperaturprofil $X_0(\lambda)$ (Bild L.11b). Nach einem Sprung der Eingangsgröße u_E ändert sich die Temperatur $x(t, \lambda)$ in Abhängigkeit von Zylinderlänge und Zeit (Bild L.11c). Bei $t \to \infty$ und $\lambda = L$ erreicht sie den Ausgangswert $x_{Aus}(\infty, L)$. Mit der Wärmeübertragung nach dem P-T1-Verhalten ist für λ_i (i = 1,2,3):

$$p \cdot T_i \cdot \dot{x}_i(t,p) + x_i(t,p) = K_{Pi} \cdot x_{i-1}(t,p)$$

Die Übertragungsfunktionen sind: $\Rightarrow$ $G_i(p) = \dfrac{K_{Pi}}{1 + p \cdot T_i}$. Beispielsweise ist die Übertragungsfunktion für x_{Aus} bei $i = 3$:

$$G_{Aus}(s) = \frac{x_{Aus}(s)}{u_E(s)} = K_u \cdot G_3(s) = \frac{K_u \cdot K_{P4}}{1 + \sqrt{sT_1} \cdot T_3}$$

Lösungen zum Abschnitt 2.6: Wirkungsplan

Lösung zu	**2.6.1** Grundstrukturen	**2.6.2** Off.-/geschloss. Wirkungsweg	**2.6.3** Verein-fachung	**2.6.4** Störver-halten	**2.6.5** Führungs-verhalten
Antwort	e : $G_1 G_2 (1 - G_3)$	d	b	c	c

Lösung zu	**2.6.6** Führ.-/Störverhalten	**2.6.7** Komp. Regelfaktor	**2.6.8** Überlagerung	**2.6.9** Umformung
Antwort	c	b	a	b

Lösungen zum Abschnitt 2.7: Frequenzkennlinien

Lösung zu	**2.7.1** Amplitu-dengang	**2.7.2** Orts-kurve	**2.7.3** Bode-Diagramm	**2.7.4** Bode-Diagramm und Ortskurve	**2.7.5** Bode-Diagramm und Sprungantwort
Antwort	c	b	d	a	c

Lösungen zum Abschnitt 2.8: Sprungantworten

Lösung zu **2.8.1 PI-Verhalten**

Die im Bild L.12 gezeigte Sprungantwort entspricht der folgenden Übertragungsfunktion:

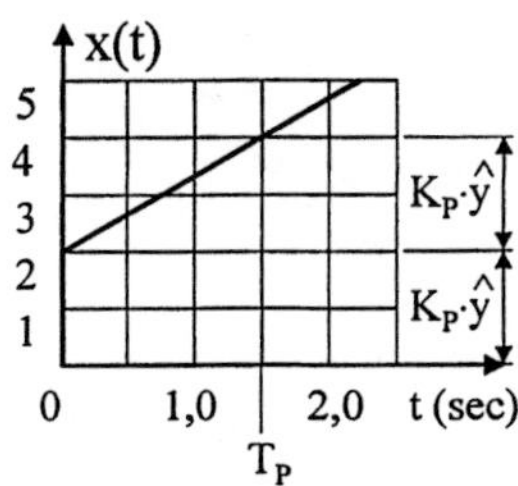

Bild L.12 Sprungantwort

$$G_P(s) = \frac{K_P \cdot (1 + sT_P)}{sT_P}$$

Die Kennwerte können anhand der Sprungantwort ermittelt werden: $K_P = \frac{2}{\hat{y}} = \frac{2}{0,5} = 4 \qquad T_P = 1,5\,\text{sec}$.

Da es sich um eine Parallelschaltung handelt, ergibt sich für die Proportionalbeiwerte $K_P = K_{P1} + K_{P2}$ und

$$K_{P1} = K_P - K_{P2} = 4 - 3 = 1$$

Die Übertragungsfunktion der Parallelschaltung wird wie folgt dargestellt:

$$G_P = G_{P1} + G_{P2} = \frac{K_{P1} \cdot (1 + sT_1)}{sT_1} + K_{P2}$$

$$G_P = \frac{K_{P1} + K_{P1} \cdot sT_1 + K_{P2} \cdot sT_1}{sT_1} = \frac{K_{P1} + (K_{P1} + K_{P2}) \cdot sT_1}{sT_1} = \frac{K_{P1} + K_P \cdot sT_1}{sT_1}$$

$$G_P = \frac{K_{P1} \cdot \left(1 + s \cdot \frac{K_P \cdot T_1}{K_{P1}}\right)}{sT_1} = \frac{1 + s \cdot \frac{K_P \cdot T_1}{K_{P1}}}{s \cdot \frac{T_1}{K_{P1}}} = \frac{K_P \cdot \left(1 + s \cdot \frac{K_P \cdot T_1}{K_{P1}}\right)}{s \cdot \frac{K_P \cdot T_1}{K_{P1}}}$$

Daraus folgt die gesuchte Zeitkonstante:

$$T_P = \frac{K_P \cdot T_1}{K_{P1}} \quad \Rightarrow \quad T_1 = \frac{T_P \cdot K_{P1}}{K_P}$$

$$T_1 = \frac{1,5\text{sec} \cdot 1}{4} = 0,375\text{sec}$$

Lösung zu **2.8.2 P-Tt-Verhalten**

Am Anfang wirkt nur ein P-T1-Glied mit T_1 = 0,5sec und $K_{P1} \cdot \hat{y} = 4$. Damit ist $K_{P1} = 2$. Nach der Totzeit entspricht die Sprungantwort dem zweiten P-T1-Glied mit T_2 = 0,5sec und mit $(K_{P1} - K_{P2}) \cdot \hat{y} = 2$. Daraus folgt: $K_{P2} = K_{P1} - 1 = 1$.

Lösung zu **2.8.3 P-P-T1-Verhalten**

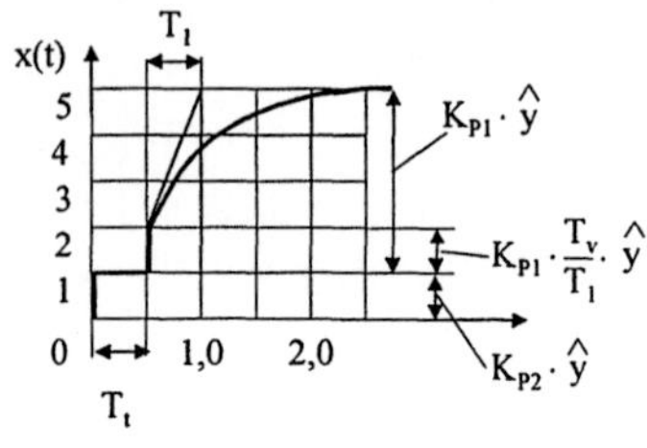

Dem Wirkungsplan zu entnehmen, daß während der Totzeit T_t nur das P-Glied wirkt, d.h. der obere Teil der Regelstrecke (bestehend aus dem Block $G_1(s)$ und Totzeitglied) erst nach T_t = 0,5sec zur Geltung kommt.

Bild L.13 Sprungantwort

Das nach der Totzeit wirkende Verhalten entspricht einem P-P-T_1-Glied:

$$G_1(s) = \frac{K_{p1} \cdot (1 + sT_v)}{1 + sT_1}$$

Die Zeitkonstante T_1 wird aus der Sprungantwort, wie im Bild L.13 gezeigt ist, ermittelt:

$$T_1 = 0{,}5\text{sec}$$

Die Ergebnisse im einzelnen:

$$K_{P1} \cdot \hat{y} = 4 \quad \Rightarrow \quad K_{P1} = \frac{4}{\hat{y}} = \frac{4}{2} = 2$$

$$K_{P1} \cdot \frac{T_v}{T_1} \cdot \hat{y} = 1 \quad \Rightarrow \quad T_v = \frac{T_1}{K_{P1} \cdot \hat{y}} = \frac{0{,}5\,\text{sec}}{2 \cdot 2} = 0{,}125\,\text{sec}$$

Lösungen zum Abschnitt 2.9: Bleibende Regeldifferenz

Lösung zu	**2.9.1** Störverhalten	**2.9.2** Führungsverhalten	**2.9.3** Reglereinstellung	**2.9.4** Auswahl des Reglers
Antwort	d	a	b	d

Lösungen zum Abschnitt 2.10: Stabilitätskriterien

Lösung zu **2.10.1 Hurwitz-Kriterium für DGL 2.Ordnung**

Die homogene DGL des geschlossenen Regelkreises entsteht, wenn man eine Null für die rechte Seite der gegebenen inhomogenen DGL setzt:

$$T_n \cdot T_1 \cdot \ddot{x}(t) + (K_{PR} \cdot T_1 + T_n) \cdot \dot{x}(t) + (0{,}2 \cdot K_{PR} - 1) \cdot x(t) = 0$$

Da $a_2 > 0$ ist, entspricht die Stabilitätsgrenze den Hurwitz-Bedingungen $a_1 = 0$ und $a_0 = 0$. Es wird angenommen, daß der Proportionalbeiwert des Reglers positiv ist. Daraus folgt:

$$a_1 = K_{PRkrit} \cdot T_1 + T_n = 0 \quad \Rightarrow \quad K_{PR\,krit} = -\frac{T_n}{T_1} = -20$$

$$a_0 = 0{,}2 \cdot K_{PRkrit} - 1 = 0 \quad \Rightarrow \quad \underline{\underline{K_{PR\,krit} = 5}}$$

Lösung zu **2.10.2 Hurwitz-Kriterium für DGL 3.Ordnung**

Zuerst bringt man die gegebene DGL in die Normalform und setzt danach die rechte Seite zu Null, um die homogene DGL zu bekommen:

$$T_n \cdot T_1 \cdot T_2 \cdot \dddot{x}(t) + T_n \cdot T_1 \cdot \ddot{x}(t) + T_n \cdot \dot{x}(t) + K_{PR} \cdot x(t) = K_{PW} \cdot w(t) - K_{PZ} \cdot z(t)$$
$$T_n \cdot T_1 \cdot T_2 \cdot \dddot{x}(t) + T_n \cdot T_1 \cdot \ddot{x}(t) + T_n \cdot \dot{x}(t) + K_{PR} \cdot x(t) = 0$$

Nach dem Hurwitz-Kriterium gelten folgende drei Stabilitätsbedingungen:·

1.Bedingung: $a_3 \neq 0 \quad a_2 \neq 0 \quad a_1 \neq 0 \quad a_0 \neq 0$

2.Bedingung: $a_3 > 0 \quad a_2 > 0 \quad a_1 > 0 \quad a_0 > 0$

3.Bedingung: $a_2 \cdot a_1 > a_3 \cdot a_0$

Das Prüfen der Bedingungen führt zu folgendem Ergebnis:

$$\Rightarrow \; T_n \cdot T_1 \cdot T_n > T_n \cdot T_1 \cdot T_2 \cdot K_{PR}$$

$$\Rightarrow \; K_{PR} < \frac{T_n}{T_2} = \frac{2\,\text{sec}}{0{,}1\,\text{sec}} = 20 \quad \Rightarrow \quad \underline{\underline{K_{PRkrit} = 20}}$$

Lösung zu **2.10.3 Stabilitätsgebiet**

$$G_w(s) = \frac{G_0(s)}{1 + G_0(s)} = \frac{K_{PR} \cdot (1 + sT_n) \cdot K_{PS}}{K_{PR} \cdot K_{PS} \cdot (1 + sT_n) + sT_n \cdot (1 + sT_1) \cdot (1 + sT_2)}$$

Setzt man den Nenner von $G_w(s)$ zu Null, so erhält man die charakteristische Gleichung:

$$s^3 \cdot T_n \cdot T_1 \cdot T_2 + s^2 \cdot T_n \cdot (T_1 + T_2) + sT_n \cdot (1 + K_{PR} \cdot K_{PS}) + K_{PR} \cdot K_{PS} = 0$$

Die 1. und 2.Bedingung des Hurwitz-Kriteriums sind für positive Kennwerte des Reglers erfüllt. Aus der 3.Stabilitätsbedingung ergibt sich die Lösung:

$$a_2 \cdot a_1 > a_3 \cdot a_0 \quad \Rightarrow \quad T_n \cdot (T_1 + T_2) \cdot T_n \cdot (1 + K_{PR} K_{PS}) > T_n T_1 T_2 K_{PR} K_{PS}$$

$$K_{PR} < \frac{T_n \cdot (T_1 + T_2)}{K_{PS} \cdot (T_1 \cdot T_2 - T_n \cdot (T_1 + T_2))} = \frac{5 \cdot T_n}{0{,}1 \cdot (4 - 5 \cdot T_n)}$$

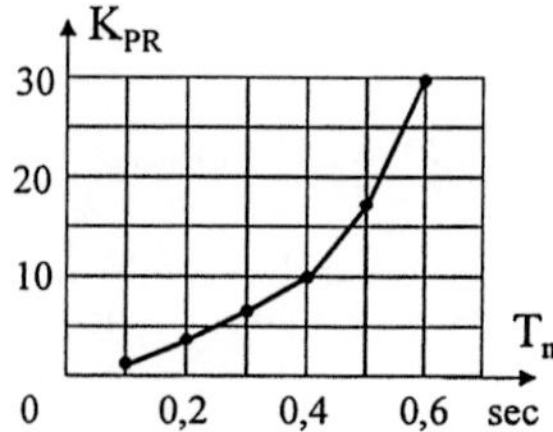

Die nach der letzte Formel errechnete Stabilitätsgrenze ist im Bild L.14 graphisch dargestellt.

Bild L.14 Stabilitätsgebiet eines Regelkreises mit PI-Regler und P-T2-Strecke

Lösung zu **2.10.4 Regelkreis mit instabiler Strecke**

Der Regler hat die Übertragungsfunktion $G_R = \dfrac{K_{PR} \cdot (1 + sT_n)}{sT_n}$.

Daraus ergibt sich für das Führungsverhalten:

$$G_W(s) = \frac{G_R \cdot G_S}{1 + G_R \cdot G_S} = \frac{K_{PR} \cdot (1 + sT_n) \cdot K_{PS} \cdot (1 + sT)}{sT_n \cdot (sT_1 - 1) + K_{PR} \cdot K_{PS} \cdot (1 + sT_n) \cdot (1 + sT)}$$

Setzt man den Nenner zu Null, so erhält man die charakteristische Gleichung:

$$sT_n \cdot (sT_1 - 1) + K_{PR} \cdot K_{PS} \cdot (1 + s \cdot (T_n + T) + s^2 \cdot T_n \cdot T) = 0$$

$$s^2 \cdot T_n \cdot T_1 - s \cdot T_n + K_{PR} K_{PS} + s \cdot K_{PR} K_{PS} \cdot (T_n + T) + s^2 \cdot K_{PR} K_{PS} \cdot T_n \cdot T = 0$$

$$s^2 \cdot (T_n \cdot T_1 + K_{PR} \cdot K_{PS} \cdot T_n \cdot T) + s \cdot (K_{PR} \cdot K_{PS} \cdot (T_n + T) - T_n) + K_{PR} K_{PS} = 0$$

Aus den Stabilitätsbedingungen nach dem Hurwitz-Kriterium $a_2 > 0$; $a_1 > 0$; $a_0 > 0$ ergibt sich die Lösung: $K_{PR} \cdot K_{PS} \cdot (T_n + T) - T_n > 0$

$$K_{PR} > \frac{T_n}{K_{PS}(T_n + T)} = \frac{2\,\text{sec}}{0{,}2 \cdot (2\,\text{sec} + 3\,\text{sec})} \quad \Rightarrow \quad K_{PR} > 2$$

Lösung zu **2.10.5 Stabilitätsbedingungen nach Nyquist-Kriterium**

An der Stabilitätsgrenze gilt: $\omega_\pi = \omega_D = 4\ \text{sec}^{-1}$, der Betrag $|G(j\omega_D)| = 1$ und der Phasenwinkel $\varphi\ (\omega_D) = -\arctan(\omega_D \cdot T_1) - \omega_D \cdot T_t = -\pi$.

Daraus ergibt sich : $-\arctan(4\ \text{sec}^{-1} \cdot 0{,}25\text{sec}) - 4\ \text{sec}^{-1} \cdot T_t = -\pi \ \Rightarrow\ T_t = 0{,}59\ \text{sec}$

$$|G| = \frac{K_{PRkrit} K_{PS}}{\sqrt{1 + \omega^2 T_1^2}} = 1 \quad \Rightarrow \quad K_{PRkrit} = 1{,}76$$

Lösung zu **2.10.6 Vollständiges Nyquist-Kriterium im Bode-Diagramm**

a) Die Lösung ist im Bild L.15 dargestellt.

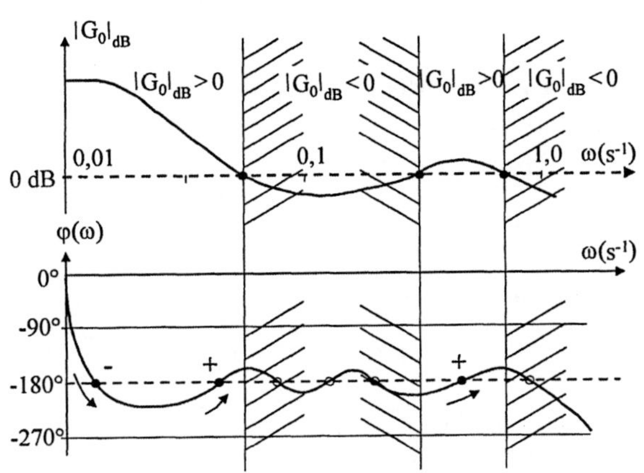

Die Anzahl der positiven Übergänge über die 0-dB-Linie ist $d_{\text{positiv}} = 2$.

Die Anzahl der negativen Übergänge ist $d_{\text{negativ}} = 1$.

Mit $n_r = 2$ ist die Nyquist-Bedingung

$$d_{\text{positiv}} - d_{\text{negativ}} = \frac{n_r}{2}$$

erfüllt und somit der geschlossene Regelkreis stabil.

Bild L.15 Bode-Diagramm des stabilen Regelkreises mit $n_r = 2$

b) Der offene Regelkreis ist stabil:

$$G_0(s) = \frac{K_{PR} K_{PS}}{(1+sT_1)(1+sT_2)(1+sT_3)}$$

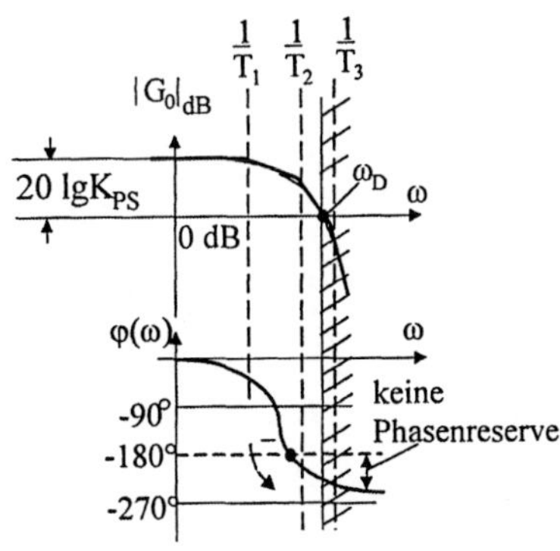

Die Anzahl der Polstellen mit positivem Realteil ist damit $n_r = 0$. Nach dem vereinfachten Nyquist-Kriterium ist der geschlossene Regelkreis instabil, da die Phase bei der Durchtrittsfrequenz ω_D unterhalb der (–180°)-Linie liegt, wie es im Bild L.16 dargestellt ist.

Man kann hier auch das vollständige Kriterium benutzen und kommt natürlich zum gleichen Ergebnis. Die Anzahl der positiven Übergänge über die 0-dB-Linie ist $d_{\text{positiv}} = 0$, der negativen $d_{\text{negativ}} = 1$. Damit ist die Bedingung

$$d_{\text{positiv}} - d_{\text{negativ}} = \frac{n_r}{2}$$ nicht erfüllt.

Bild L.16 Bode-Diagramm des instabilen Regelkreises mit $n_r = 0$

Lösungen zum Abschnitt 2.11: Reglereinstellung

Lösung zu **2.11.1 Schwingungsversuch**

Die Ziegler-Nichols-Tabelle basiert auf Versuchen im Kreis mit P-Regler.

Aus dem Versuch 1 bestimmt man die Kennwerte des PID-Reglers:

$$K_{PR} = 0{,}6 \cdot K_{PRkrit} = 0{,}6 \cdot 3{,}2 = 0{,}19$$

$$T_n = 0{,}5 \cdot T_{krit} = 0{,}5 \cdot 0{,}7 = 0{,}35 \text{ sec}$$

$$T_v = 0{,}12 \cdot T_{krit} = 0{,}12 \cdot 0{,}7 = 0{,}08 \text{ sec}$$

Lösung zu **2.11.2 Reglereinstellung nach Ziegler-Nichols-Verfahren**

Nach der Ziegler-Nichols-Tabelle ist $K_{PR} = 0{,}5 \cdot K_{PRkrit}$. Zur Bestimmung von K_{PRkrit} wird das Stabilitätskriterium nach Hurwitz benutzt.

$$G_0(s) = G_R(s) \cdot G_S(s) = \frac{0{,}5 \cdot K_{PR}}{(s+0{,}5) \cdot (s^2+s+1)}$$

$$G_w(s) = \frac{G_0(s)}{1+G_0(s)} = \frac{0{,}5 \cdot K_{PR}}{0{,}5 \cdot K_{PR} + (s+0{,}5) \cdot (s^2+s+1)}$$

Charakteristische Gleichung des geschlossenen Kreises:

$$0{,}5 \cdot K_{PR} + (s+0{,}5) \cdot (s^2+s+1) = 0$$

$$\underbrace{s^3}_{a_3=1} + \underbrace{1{,}5}_{a_2} \cdot s^2 + \underbrace{1{,}5}_{a_1} \cdot s + \underbrace{0{,}5 \cdot (1+K_{PR})}_{a_0} = 0$$

Nach dem Hurwitz-Kriterium bei $a_3 > 0$ gilt für ein stabiles System:

1.und 2.Bedingungen: $a_i > 0 \quad \Rightarrow \quad 1+K_{PR} > 0 \quad \Rightarrow \quad K_{PR} > -1$

3.Bedingung: $a_2 \cdot a_1 > a_3 \cdot a_0 \quad \Rightarrow \quad 1{,}5 \cdot 1{,}5 > 0{,}5 \cdot (1+K_{PR}) \quad \Rightarrow \quad K_{PR} < 3{,}5$

Daraus folgt: $K_{PRkrit} = 3{,}5$ und $K_{PR} = 0{,}5 \cdot 3{,}5 = 1{,}75$

Lösung zu **2.11.3 Reglereinstellung nach vorgegebenem Dämpfungsgrad**

Zunächst wird die Übertragungsfunktion des offenen Regelkreises $G_0(s)$ aufgestellt:

$$G_0(s) = \frac{K_{PR} \cdot (1+sT_n) \cdot K_{PS}}{sT_n \cdot (1+sT_1) \cdot (1+sT_2)} \qquad \Rightarrow \text{ Kompensation: } T_n = T_{\text{größte}} = T_2 = 1{,}5\text{sec}$$

$$G_0(s) = \frac{K_{PR} \cdot K_{PS}}{sT_n \cdot (1+sT_1)}$$

$$\Rightarrow \quad G_w(s) = \frac{1}{1+\frac{1}{G_0}} = \frac{1}{1+s\cdot\underbrace{\frac{T_n}{K_{PR}\cdot K_{PS}}}_{\frac{2\vartheta}{\omega_0}}+s^2\cdot\underbrace{\frac{T_1\cdot T_n}{K_{PR}\cdot K_{PS}}}_{\frac{1}{\omega_0^2}}}$$

Die Lösung ergibt sich aus dem Koeffizientenvergleich:

$$\frac{2\vartheta}{\omega_0} = \frac{T_n}{K_{PR}\cdot K_{PS}} \quad \Rightarrow \quad \omega_0 = \frac{2\vartheta\cdot K_{PR}\cdot K_{PS}}{T_n}$$

$$\frac{1}{\omega_0^2} = \frac{T_1\cdot T_n}{K_{PR}\cdot K_{PS}} \quad \Rightarrow \quad \frac{T_n^2}{4\vartheta^2\cdot(K_{PR}\cdot K_{PS})^2} = \frac{T_1\cdot T_n}{K_{PR}\cdot K_{PS}}$$

$$K_{PR} = \frac{T_n}{4\vartheta^2\cdot K_{PS}\cdot T_1} = \frac{1{,}5\,\text{sec}}{4\cdot 0{,}5^2\cdot 0{,}75\cdot 0{,}5\,\text{sec}} = 4$$

Lösung zu **2.11.4 Reglereinstellung nach vorgegebener Phasenreserve**

$$G_0(s) = \frac{K_{PR}\cdot(1+sT_v)\cdot K_{PS}\cdot K_{IS}}{s\cdot(1+sT_1)\cdot(1+sT_2)} \quad \Rightarrow \quad \text{Kompensation: } T_v = T_{\text{größte}} = T_1 = 8\text{sec}$$

$$G_0(\text{s}) = \frac{K_{PR}\cdot K_{PS}\cdot K_{IS}}{s\cdot(1+sT_2)}$$

Das Bode-Diagramm wird unter Annahme K_{PR}=1 skizziert. Aus dem Frequenzgang des offenen Kreises ergeben sich weitere Punkte des Diagramms: $K_{I0} = K_{PR}\cdot K_{PS}\cdot K_{IS} = 1\text{sec}^{-1}$

$\omega_2 = 1/T_2 = 1\text{sec}^{-1}$

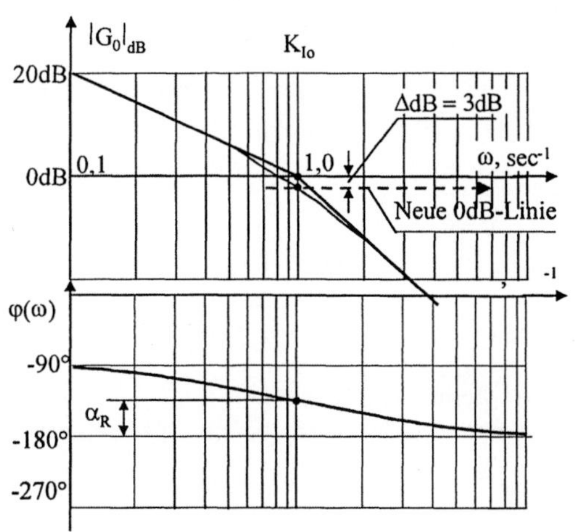

Das Bode-Diagramm ist im Bild L.17 skizziert. Um die Phasenreserve α_R = 45° zu erreichen, soll die 0-dB-Linie nach unten um 10dB verschoben werden. Damit soll der Proportionalbeiwert des Reglers um ΔK = 1,41 vergrößert werden, d.h.

$K_{PR(neu)} = K_{PR(alt)}\cdot\Delta K = 1{,}41$

Bild L.17 Bode-Diagramm mit Phasenreserve α_R = 45°

Lösung zu **2.11.5 Reglereinstellung nach Betragsoptimum**

Die Übertragungsfunktion des offenen Regelkreises lautet:

$$G_0(s) = G_R(s) \cdot \frac{K_{PSy}}{(1+sT_1)\cdot(1+sT_2)\cdot(1+sT_3)}$$

Für dieser Aufgabe ist es möglich, verschiedene Reglertypen zu verwenden. In allen Fällen wird das Betragsoptimum als Rechenverfahren angewandt.

Als erste Regler wird der PD-Typ gewählt, wodurch eine Streckenzeitkonstante kompensiert wird.

$$G_0(s) = \frac{K_{PR} \cdot K_{PSy} \cdot (1+sT_v)}{(1+sT_1)\cdot(1+sT_2)\cdot(1+sT_3)}$$

Die Kompensationsregel für PD-Regler besagt: $T_v = T_{\text{größte}} = T_1 = 1$ sec.

Nach der Kompensation erhält man die Übertragungsfunktion für den Grundtyp „B“. Daraus wird der Proportionalbeiwert des Reglers nach dem Betragsoptimum bestimmt:

$$G_0(s) = \frac{K_{PR} \cdot K_{PSy}}{(1+sT_2)\cdot(1+sT_3)}$$

$$K_{PR} = \left(\frac{(T_2+T_3)^2}{4\vartheta^2 \cdot T_2 \cdot T_3} - 1\right) \cdot \frac{1}{K_{PSy}} \quad \Rightarrow \quad K_{PR} = \left(\frac{(0{,}2\,\text{sec} + 0{,}2\,\text{sec})^2}{0{,}2\,\text{sec} \cdot 0{,}2\,\text{sec} \cdot 4 \cdot \left(\frac{1}{\sqrt{2}}\right)^2} - 1\right) \cdot \frac{1}{2}$$

$$K_{PR} = 0{,}5$$

Als zweites wird ein PID-Regler verwendet, der die Kompensation zweier Streckenzeitkonstanten zuläßt:

$$G_0(s) = \frac{K_{PR} \cdot K_{PSy} \cdot (1+sT_n)\cdot(1+sT_v)}{sT_n \cdot (1+sT_1)\cdot(1+sT_2)\cdot(1+sT_3)}$$

Kompensationsregel für PID-Regler :

$T_n = T_{\text{größte}} = T_1 = 1{,}0$ sec

$T_v = T_{\text{zweitgrößte}} = T_2 = 0{,}2$ sec

Nach der Kompensation erhält man die Übertragungsfunktion für den Grundtyp „A“ und den entsprechenden Proportionalbeiwert nach dem Betragsoptimum:

$$G_0(s) = \frac{K_{PR} \cdot K_{PSy}}{sT_n \cdot (1+sT_3)} \quad \Rightarrow \quad K_{PR} = \frac{T_n}{2 \cdot K_{PSy} \cdot T_3} = \frac{1\,\text{sec}}{2 \cdot 2 \cdot 0{,}2\,\text{sec}} = \underline{\underline{1{,}25}}$$

Lösung zu **2.11.6 Betragsoptimum und Ersatzzeitkonstante**

Um die erste Bedingung zu erfüllen, muß ein Regler mit I-Anteil , d.h. I-, PI- oder PID-Regler, eingesetzt werden.

Die zweite und die dritte Bedingung lassen sich mit dem Betragsoptimum erzielen. Da hier keine Ersatzzeitkonstante gebildet werden kann ($T_1 < 5 \cdot T_2 \cdot T_3$), wird ein PID-Regler gewählt, um die Reglereinstellung zu vereinfachen. Damit ist es möglich, zwei Streckenzeitkonstanten zu kompensieren.

Die Übertragungsfunktion des offenen Kreises mit PID-Regler lautet:

$$G_0(s) = \frac{K_{PR} \cdot K_{PSy} \cdot (1+sT_n) \cdot (1+sT_v)}{sT_n \cdot (1+sT_1) \cdot (1+sT_2) \cdot (1+sT_3)}$$

Kompensation:

$$T_n = T_{größte} \quad = T_1 = 1 \text{ sec}$$
$$T_v = T_{zweitgrößte} \quad = T_2 = 0{,}15 \text{ sec}$$

Es entsteht das Verhalten vom Grundtyp „A“. Der Proportionalbeiwert des Reglers:

$$G_0(s) = \frac{K_{PR} \cdot K_{PSy}}{sT_n \cdot (1+sT_3)} \quad \Rightarrow \quad K_{PR} = \frac{T_n}{2 \cdot K_{PSy} \cdot T_3} = \frac{1 \text{ sec}}{2 \cdot 5 \cdot 0{,}1 \text{ sec}} = 1$$

Lösung zu **2.11.7 Reglereinstellung nach symmetrischem Optimum**

Der eingesetzte Regler muß I-Anteil besitzen, um beim Störverhalten ohne Regeldifferenz funktionieren zu können. Da damit zwei I-Anteile, im Regler und in der Strecke, vorhanden sind, wird nach dem symmetrischen Optimum berechnet.

$$G_0(s) = G_R(s) \cdot \frac{K_{PS} \cdot K_{IS}}{s \cdot (1+sT_1) \cdot (1+sT_2)}$$

Als Regler wird ein PID-Regler eingesetzt:

$$G_0(s) = \frac{K_{PR} \cdot (1+sT_n) \cdot (1+sT_v) \cdot K_{PS} \cdot K_{IS}}{s^2 T_n \cdot (1+sT_1) \cdot (1+sT_2)}$$

Nachstellzeit und Vorhaltzeit des Reglers für symmetrisches Optimum:

$$T_n = 4 \cdot T_{größte} \quad \Rightarrow \quad T_n = 4 \cdot T_1 = 4 \cdot 1 \text{ sec} = 4 \text{ sec}$$
$$T_v = T_{zweitgrößte} \quad \Rightarrow \quad T_v = T_2 = 0{,}5 \text{ sec}$$

Nach der Kompensation erhält man die Übertragungsfunktion des offenen Kreises:

$$G_0(s) = \frac{K_{PR} \cdot (1+sT_n) \cdot K_{PS} \cdot K_{IS}}{s^2 \cdot T_n \cdot (1+sT_1)}$$

$$K_{\text{PRopt}} = \frac{1}{2 \cdot K_{\text{PS}} \cdot K_{\text{IS}} \cdot T_1} = \frac{1}{2 \cdot 0{,}05 \cdot 2\,\text{sec}^{-1} \cdot 1\,\text{sec}} = 5$$

Nach dem symmetrischen Optimum besitzt der PID-Regler also folgende Parameter:

$K_{\text{PRopt}} = 5$ $\quad T_n = 4\text{sec}$ $\quad T_v = 0{,}5\text{sec}$

Lösung zu **2.11.8 Symmetrisches Optimum und Ersatzzeitkonstante**

Mit dem symmetrischen Optimum wird die Forderung nach der maximalen Phasenreserve erfüllt. Die Übertragungsfunktion des offenen Kreises:

$$G_0(s) = \frac{K_{\text{PR}} \cdot (1 + sT_n) \cdot (1 + sT_v) \cdot K_{\text{PS}} \cdot K_{\text{IS}}}{s^2 \cdot T_n \cdot (1 + sT_1) \cdot (1 + sT_2) \cdot (1 + sT_3)}$$

Kompensation nach dem symmetrischen Optimum:

$$T_v = T_{\text{zweitgrößte}} \quad \Rightarrow \quad T_v = T_3 \underline{\underline{= 9\text{sec}}}$$

Nach der Kompensation erhält man die Übertragungsfunktion des offenen Kreises:

$$G_0(s) = \frac{K_{\text{PR}} \cdot (1 + sT_n) \cdot K_{\text{PS}} \cdot K_{\text{IS}}}{s^2 \cdot T_n \cdot (1 + sT_1) \cdot (1 + sT_2)}$$

Da die Bedingung $T_1 > 5 \cdot T_2$ erfüllt ist, wird die Ersatzzeitkonstante $T_E = T_1 + T_2$ gebildet. Daraus bestimmt man die Reglerparameter nach dem symmetrischen Optimum:

$$T_n = 4 \cdot T_E = 4 \cdot (15\,\text{sec} + 2\,\text{sec}) \underline{\underline{= 68\,\text{sec}}}$$

$$K_{\text{PRopt}} = \frac{1}{2 \cdot K_{\text{PSy}} \cdot K_{\text{IS}} \cdot T_E} = \frac{1}{2 \cdot 0{,}07 \cdot 0{,}2\,\text{sec}^{-1} \cdot 17\,\text{sec}} \underline{\underline{= 2{,}1}}$$

Lösung zu **2.11.9 Symmetrisches Optimum und Betragsoptimum**

Schalterposition A, Teilstrecke K_{IS}	Schalterposition B, Teilstrecke K_{PS}, T_3
$G_0(s) = \dfrac{K_{\text{PR}} \cdot K_{\text{IS}} \cdot (1 + sT_n)(1 + sT_v)}{s^2 \cdot T_n (1 + sT_1)(1 + sT_2)(1 + sT_4)}$	$G_0(s) = \dfrac{K_{\text{PR}} \cdot K_{\text{PS}} \cdot (1 + sT_n)(1 + sT_v)}{sT_n (1 + sT_1)(1 + sT_2)(1 + sT_3)(1 + sT_4)}$
Verfahren: Symmetrisches Optimum	Einstellverfahren: Betragsoptimum
Kompensation: $T_v = T_{\text{zweitgrößte}} = T_2 = 2$ sec Ersatzzeitkonstante: $T_E = T_1 + T_4 = 5{,}2$ sec $T_n = 4 \cdot T_E = 4 \cdot 5{,}2\text{sec} = 20{,}8$ sec $K_{\text{PRopt}} = \dfrac{1}{2 \cdot K_{\text{IS}} \cdot T_E} \underline{\underline{= 2{,}4}}$	Kompensation: $T_n = T_{\text{größte}} = T_1 = 5$ sec $T_v = T_{\text{zweitgrößte}} = T_3 = 3$ sec Ersatzzeitkonstante: $T_E = T_2 + T_4 = 2{,}2$ sec $K_{\text{PRopt}} = \dfrac{T_n}{2 \cdot K_{\text{PS}} \cdot T_E} \underline{\underline{= 11{,}4}}$

Lösungen zum Abschnitt 2.12: Regler mit Rückführung

Lösung zu **2.12.1 PD-Regler**

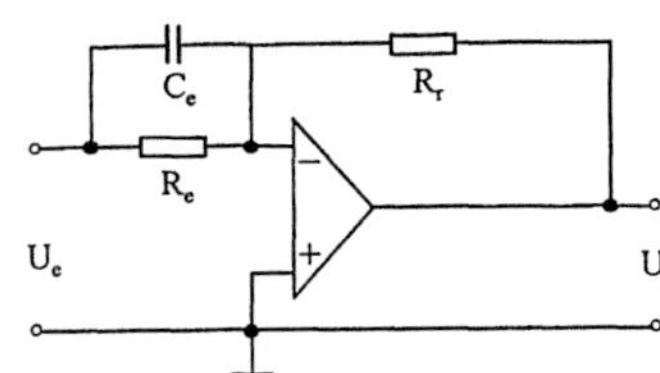

Bild L.18 Operationsverstärker als PD-Regler

$$T_v = R_e \cdot C_e \quad \Rightarrow \quad C_e = \frac{T_v}{R_e} = \frac{4\,\text{sec}}{2M\Omega} = 2\mu F$$

$$K_{PR} = \frac{R_r}{R_e} = 2{,}5 \quad \Rightarrow$$

$$\Rightarrow \quad R_r = K_{PR} \cdot R_e = 2{,}5 \cdot 2M\Omega = 5M\Omega$$

Lösung zu **2.12.2 PID-Regler**

$$G_r(s) = \frac{K_r}{1+sT_{r1}} - \frac{K_r}{1+sT_{r2}} = \frac{K_r + K_r T_{r2} \cdot s - K_r - K_r T_{r1} \cdot s}{(1+sT_{r1})(1+sT_{r2})} = \frac{K_r (T_{r2} - T_{r1}) \cdot s}{(1+sT_{r1})(1+sT_{r2})}$$

$$G_R(s) \approx \frac{1}{G_r(s)} = \frac{(1+sT_{r1})(1+sT_{r2})}{K_r (T_{r2} - T_{r1}) \cdot s} \quad \Rightarrow \quad G_R(s) = \frac{K_{PR}(1+sT_n)(1+sT_v)}{sT_n}$$

Aus dem Koeffizientenvergleich $G_R(s) = \frac{(1+sT_{r1})(1+sT_{r2})}{K_r (T_{r2} - T_{r1}) \cdot s} = \frac{(1+sT_{r1})(1+sT_{r2})}{K_r T_2 \left(1 - \frac{T_{r1}}{T_{r2}}\right) \cdot s}$ folgt:

$T_{r1} = T_v = 0{,}1$ sec; $T_{r2} = T_n = 0{,}5$ sec und $K_r = \frac{1}{K_{PR}\left(1 - \frac{T_{r1}}{T_{r2}}\right)} = \frac{1}{5 \cdot \left(1 - \frac{0{,}1\,\text{sec}}{0{,}5\,\text{sec}}\right)} = 0{,}25$

Lösung zu **2.12.3 PID-Regler nach Betragsoptimum**

$$G_0(s) = \frac{K_{PR}(1+sT_n)(1+sT_v)}{sT_n} \cdot \frac{K_{PS}}{(1+sT_1)(1+sT_2)(1+sT_3)}$$

Nach der Kompensation $T_n = T_{\text{größte}} = T_1 = 0{,}5$ sec und $T_v = T_{\text{zweitgrößte}} = T_3 = 0{,}3$ sec entsteht die Übertragungsfunktion vom Grundtyp „A" und damit der optimale Wert:

$$G_0(s) = \frac{K_{PR}}{sT_n} \cdot \frac{K_{PS}}{(1+sT_2)} \Rightarrow K_{PRopt} = \frac{T_n}{2 \cdot T_2 \cdot K_{PS}} = \frac{0{,}5\,\text{sec}}{2 \cdot 0{,}2\,\text{sec} \cdot 3} = 0{,}42$$

Daraus ergibt sich (siehe Lösung zu 2.12.2): $T_{r1} = T_V = \underline{0{,}3\text{ sec}}$ und $T_{r2} = T_n = \underline{0{,}5\text{ sec}}$

$$K_r = \frac{1}{K_{PR}\left(1 - \frac{T_{r1}}{T_{r2}}\right)} = \frac{1}{0{,}42 \cdot \left(1 - \frac{0{,}3\,\text{sec}}{0{,}5\,\text{sec}}\right)} = \underline{\underline{5{,}95}}$$

Lösungen zum Abschnitt 2.13: Kaskadenregelung

Lösung zu **2.13.1 Einstellung nach vorgegebenem Dämpfungsgrad**

Bei dieser Aufgabe muß zuerst der Folgeregelkreis vereinfacht werden.

$$G_{01}(s) = \frac{K_{PR1} \cdot (1 + sT_{n1})}{sT_{n1}} \cdot \frac{K_{PS1}}{1 + sT_1}$$

Kompensation: $T_{n1} = T_1 = 1\,\text{sec}$

$$G_{w1}(s) = \frac{1}{1 + \frac{1}{G_{01}}} = \frac{1}{1 + s \cdot \underbrace{\frac{T_{n1}}{K_{PR1} \cdot K_{PS1}}}_{T_{w1}}} \qquad T_{w1} = \frac{1\,\text{sec}}{1 \cdot 2} = 0{,}5\,\text{sec}$$

Die Übertragungsfunktion des Folgekreises wird durch ein P-T_1-Verhalten beschrieben:

$$G_{w1}(s) = \frac{1}{1 + sT_{w1}}$$

Jetzt kann $G_{02}(s)$ des gesamten Regelkreises aufgestellt werden.

$$G_{02}(s) = \frac{K_{PR2} \cdot (1 + sT_{n2}) \cdot K_{PS2}}{sT_{n2} \cdot (1 + sT_{w1}) \cdot (1 + sT_2)}$$

Kompensation: $T_{n2} = T_{\text{größte}} = T_{w1} = \underline{0{,}5\text{sec}}$. Damit handelt es sich um den Grundtyp „A“:

$$K_{PR2} = \frac{T_{n2}}{4\vartheta^2 \cdot K_{PS2} \cdot T_2} = \frac{0{,}5\,\text{sec}}{4 \cdot 1^2 \cdot 3 \cdot 0{,}25\,\text{sec}} = \underline{\underline{0{,}17}}$$

Lösung zu **2.13.2 Einstellung nach gewünschter Übertragungsfunktion**

Die Übertragungsfunktion des offenen Führungsregelkreisen G_{02}(s) kann aus dem Bode-Diagramm bestimmt werden. Sie entspricht einem I-T_1-Glied:

$$G_{02}(s) = \frac{K_{I0}}{s \cdot (1 + sT_0)}$$

Die Parameter werden dem Bode-Diagramm entnommen:

$K_{I0} = 12\text{sec}^{-1}$ $\qquad \omega_0 = 0{,}2\ \text{sec}^{-1}$ $\qquad T_0 = 1/\omega_0 = 5\text{sec}$

Um das gewünschte Verhalten zu erreichen, werden die Übertragungsfunktionen G_{01}(s), G_{w1}(s) und schließlich G_{02}(s) berechnet:

$$G_{01}(s) = \frac{K_{PR1} \cdot (1 + sT_{n1})}{sT_{n1}} \cdot \frac{K_{PS1}}{1 + sT_1} \quad \Rightarrow \text{Kompensation}: T_{n1} = T_1 = \underline{1\text{sec}}$$

$$G_{w1}(s)=\frac{1}{1+\frac{1}{G_{01}}}=\frac{1}{1+s\cdot\underbrace{\frac{T_{n1}}{K_{PR1}\cdot K_{PS1}}}_{T_{w1}}}=\frac{1}{1+sT_{w1}}$$

Der Folgeregelkreis ist ein P-T1-Glied mit der Zeitkonstante

$$T_{w1}=\frac{T_{n1}}{K_{PR1}\cdot K_{PS1}}=\frac{1\,\text{sec}}{1\cdot 2}=0{,}5\,\text{sec}$$

Damit hat der offene Führungsregelkreis die Übertragungsfunktion:

$$G_{02}(s)=\frac{K_{PR2}\cdot(1+sT_{n2})}{sT_{n2}}\cdot\frac{1}{(1+sT_{w1})}\cdot\frac{K_{PS2}}{(1+sT_2)}$$

Nach der Kompensation mit $T_{n2}=T_{w1}=0{,}5\text{sec}$ erhält man:

$$G_{02}(s)=\frac{K_{PR2}\cdot K_{PS2}}{sT_{n2}\cdot(1+sT_2)}=\frac{K_{I0}}{s\cdot(1+sT_0)}$$

Aus dem Vergleich mit den gewünschten Werten ergibt sich die Antwort:

$$K_{I0}=\frac{K_{PR2}\cdot K_{PS2}}{T_{n2}}\quad\Rightarrow\quad K_{PR2}=\frac{K_{I0}\cdot T_{n2}}{K_{PS2}}=\frac{12\,\text{sec}^{-1}\cdot 0{,}5\,\text{sec}}{3}=\underline{\underline{2}}$$

Lösung zu **2.13.3 Einstellung nach gewünschter Zeitkonstante**

Um die gewünschte Zeitkonstante zu ermitteln, werden die Übertragungsfunktionen des Folgekreises $G_{01}(s)$ und $G_{w1}(s)$ berechnet:

$$G_{01}(s)=G_{R1}(s)\cdot G_{S1}(s)=\frac{K_{PR1}\cdot(1+sT_{n1})}{sT_{n1}}\cdot\frac{K_{PS1}}{1+sT_1}$$

Kompensation: $T_{n1}=T_1=1\,\text{sec}$

$$G_{w1}(s)=\frac{1}{1+\frac{1}{G_{01}(s)}}=\frac{1}{1+s\cdot\frac{T_{n1}}{K_{PS1}\cdot K_{PR1}}}=\frac{1}{1+sT_{w1}}$$

Der Folgeregelkreis ist hat ein P-T1-Verhalten mit der Zeitkonstante:

$$T_{w1}=\frac{T_{n1}}{K_{PS1}\cdot K_{PR1}}=\frac{1\,\text{sec}}{2\cdot K_{PR1}}$$

Diese Zeitkonstante soll nach der Aufgabenstellung im Vergleich zur Streckenzeitkonstante T_1 um Faktor 50 reduziert werden:

$$T_{w1}=\frac{T_1}{50}\quad\Rightarrow\quad\frac{1\,\text{sec}}{2\cdot K_{PR1}}=\frac{T_1}{50}\quad\Rightarrow\quad K_{PR1}=\frac{1\,\text{sec}\cdot 50}{2\cdot 1\,\text{sec}}=\underline{\underline{25}}$$

Lösungen zum Abschnitt 2.14: Störgrößenaufschaltung

Lösung zu **2.14.1 Vollständige Kompensation**

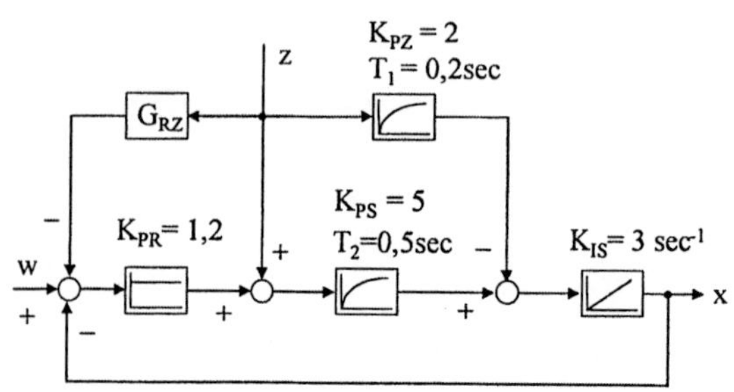

Um die Übertragungsfunktion und die Parameter des Korrekturgliedes $G_{RZ}(s)$ zu ermitteln (Bild L.19), berechnet man die Übertragungsfunktion des Störverhaltens und setzt sie Null.

Bild L.19 Wirkungsplan der Störgrößenaufschaltung

Es reicht dabei, die Vorwärts-Übertragungsfunktion G_{Vz} zu berechnen. Sie setzt sich nach dem Überlagerungsprinzip als Addition der Teilfunktionen zusammen.

$$G_{Vz} = -G_Z \cdot G_I + G_S \cdot G_I - G_{RZ} \cdot G_R \cdot G_S \cdot G_I \quad \Rightarrow \quad G_{Vz} = 0$$

Aus der letzten Gleichung ergibt sich die Übertragungsfunktion des Korrekturgliedes:

$$G_{RZ} = \frac{G_I \cdot (G_S - G_Z)}{G_R \cdot G_S \cdot G_I} = \frac{\dfrac{K_{PS}}{(1+sT_2)} - \dfrac{K_{PZ}}{(1+sT_1)}}{\dfrac{K_{PR} \cdot K_{PS}}{(1+sT_2)}}$$

$$G_{RZ} = \frac{(1+sT_1) \cdot K_{PS} - (1+sT_2) \cdot K_{PZ}}{K_{PR} \cdot K_{PS} \cdot (1+sT_1)} = \frac{K_{PS} + s \cdot T_1 \cdot K_{PS} - K_{PZ} - s \cdot T_2 \cdot K_{PZ}}{K_{PR} \cdot K_{PS} \cdot (1+sT_1)}$$

$$G_{RZ} = \frac{K_{PS} - K_{PZ} + s \cdot (K_{PS} \cdot T_1 - K_{PZ} \cdot T_2)}{K_{PR} \cdot K_{PS} \cdot (1+sT_1)} = \frac{5 - 2 + s \cdot (5 \cdot 0{,}2\,sec - 2 \cdot 0{,}5\,sec)}{1{,}2 \cdot 5 \cdot (1 + s \cdot 0{,}2\,sec)}$$

Damit ist das Korrekturglied: $G_{RZ}(s) = \dfrac{K_{RZ}}{1+sT_{RZ}}$ mit $K_{RZ} = 0{,}5$ und $T_{RZ} = 0{,}2$ sec.

Lösung zu **2.14.2 Übertragungsfunktion des Korrekturgliedes**

$$G_{VZ}(s) = 0 \quad \Rightarrow \quad G_R(s) = \frac{K_{PZ} \cdot (1+sT_1)(1+sT_2)}{K_{RZ} \cdot K_{PS} \cdot s \cdot T_{RZ}} \text{ mit } K_{PR} = \frac{K_{PZ} \cdot T_1}{K_{RZ} \cdot K_{PS} \cdot T_{RZ}} = 2$$

$$T_n = T_1 = 0{,}5sec \text{ und } T_v = T_2 = 0{,}15sec$$

Lösungen zum Abschnitt 2.15: Simulationsaufgaben

Lösung zu **2.15.1 Sprungantworten mit und ohne Regler**

Die Einstellwerte der Simulation:

$$R_F(0) = \frac{1}{1 + K_{PR} \cdot K_{PS}} \quad \Rightarrow \quad 1 + K_{PR} \cdot K_{PS} = \frac{1}{R_F} \quad \Rightarrow \quad K_{PR} \approx 2$$

$$x_{m.R}(\infty) = \lim_{s \to 0} G_z(s) \cdot \hat{z} = \frac{K_{PZ}}{1 + K_{PR} \cdot K_{PS}} \cdot \hat{z} = 0{,}65 \quad \Rightarrow \quad \hat{z} \approx 2$$

Aus der Simulation ergibt sich als Beharrungszustand:

$$x_{o.R}(\infty) = \lim_{s \to 0} G_{vz}(s) \cdot \hat{z} = K_{PZ} \cdot \hat{z} = 4{,}65 \cdot 2 = 9{,}3$$

$$x_{o.R}(\infty) = \frac{x_{m.R}(\infty)}{R_F(0)} = \frac{0{,}65}{0{,}07} = 9{,}29$$

Das *MATLAB*-Programm ist in der Datei *a_15_1.m* auf dem Server des Vieweg-Verlages *http://www.vieweg.de* gespeichert.

Lösung zu **2.15.2 Reeller Regelfaktor**

Berechnungsergebnis:

$$R_F(0) = \frac{1}{1 + K_{PR} \cdot K_{PS}} = \frac{1}{1 + 5 \cdot 0{,}1} = 0{,}67$$

Mit der *MATLAB*-Datei *a_15_2.m* (Abschnitt 1.1.3) kann man zwei Simulationen durchführen und den reellen Regelfaktor aus den Sprungantworten bestimmen:

a) Störverhalten mit dem Eingangssprung $\hat{z} = 7{,}6$:

$$R_F(0) = \frac{x_{m.R}(\infty)}{x_{o.R}(\infty)}$$

b) Führungsverhalten mit dem Eingangssprung $\hat{w} = 7{,}6$:

$$R_F(0) = \frac{e_{m.R}(\infty)}{e_{o.R}(\infty)} = \frac{\hat{w} - x_{m.R}(\infty)}{\hat{w}}$$

Lösung zu **2.15.3 Regeldifferenz**

a) Die bleibende Regeldifferenz beim Führungsverhalten: $e(\infty) = 0$.

b) Beim Störverhalten entsteht $e(\infty) = -5{,}3$, da der I-T1-Regler mit der starren Rückführung keinen I-Anteil besitzt. Diese Ergebnisse sind mit der Datei *a_15_3.m* (siehe Abschnitt 1.1.3) zu überprüfen.

Lösung zu **2.15.4 Hurwitz-Stabilitätskriterium, Ersatzzeitkonstante**

Berechnung:

$$G_0(s) = \frac{K_{PR} \cdot K_{PS}}{(1+sT_1)\cdot(1+sT_E)} \quad \Rightarrow \quad G_w(s) = \frac{G_0(s)}{1+G_0(s)}$$

$$G_w(s) = \frac{K_{PR} \cdot K_{PS}}{K_{PR} \cdot K_{PS} + (1+sT_1)(1+sT_E)} = \frac{K_{PR} \cdot K_{PS}}{s^2 \cdot T_1 T_E + s\cdot(T_1 + T_E) + 1 + K_{PR} \cdot K_{PS}}$$

Aus der charakteristischen Gleichung des geschlossenen Regelkreises

$$s^2 \cdot \underbrace{T_1 \cdot T_E}_{a_2} + s \cdot \underbrace{(T_1 + T_E)}_{a_1} + \underbrace{1 + K_{PR} \cdot K_{PS}}_{a_0} = 0$$

ergibt sich nach dem Hurwitz-Kriterium, daß der Regelkreis für positive Werten $K_{PR} > 0$ stabil ist.

Simulationsergebnisse: Der mit der Datei *a_15_4.m* programmierte Regelkreis (Abschnitt 1.1.3) ist nicht mit Ersatzzeitkonstante, sondern mit T_1, T_2 und T_3 simuliert. Der Kreis ist nicht für alle $K_{PR} > 0$ stabil. Die Dauerschwingung entsteht bei $K_{PRkrit} \approx 11{,}9$.

Lösung zu **2.15.5 Instabile Regelstrecke**

a) Übertragungsfunktion der Regelstrecke für das Stellverhalten:

$$G_S(s) = K_{P1} \cdot \frac{G_v(s)}{1 - G_0(s)} = K_{P1} \cdot \frac{-K_{P2} \cdot \frac{K_{Is3}}{s} \cdot \frac{K_{Is4}}{s}}{1 - K_{P2} \cdot \frac{K_{Is3}}{s} \cdot \frac{K_{Is4}}{s} \cdot K_{P5}}$$

$$G_S(s) = \frac{-K_{P1} \cdot K_{P2}}{s^2 - K_{P2} \cdot K_{Is3} \cdot K_{Is4} \cdot K_{P5}} = \underline{\underline{\frac{K_{PS}}{1 - s^2 T_S^2}}}$$

Die Streckenparameter ergeben sich zu

$$K_{PS} = \frac{K_{P1}}{K_{P5}} = \frac{5}{0{,}5} = 10 \text{ und}$$

$$T_S^2 = \frac{1}{K_{P2} \cdot K_{Is3} \cdot K_{Is4} \cdot K_{P5}} = \frac{1}{4 \cdot 1\,\text{sec}^{-1} \cdot 1\,\text{sec}^{-1} \cdot 0{,}5} = 0{,}5\,\text{sec}^2$$

b) Der Frequenzgang der Regelstrecke besteht aus einem stabilen und einem instabilen P-T1-Anteil:

$$G_S(j\omega) = \frac{K_{PS}}{1 - (j\omega T_S)^2} = K_{PS} \cdot \underbrace{\frac{1}{1 + j\omega T_S}}_{stabil} \cdot \underbrace{\frac{1}{1 - j\omega T_S}}_{instabil}$$

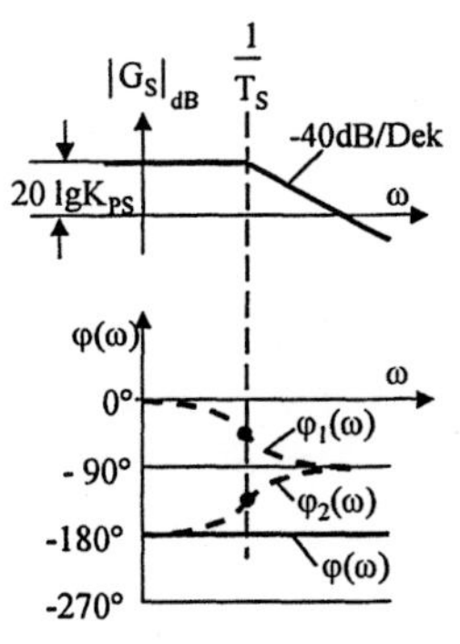

Der Amplitudengang (Bild L.20) entspricht einem Bode-Diagramm des P-T2-Gliedes. Der Phasengang ergibt sich als Summe von zwei Phasengängen: $\varphi_1(\omega)$ für stabiler Anteil und $\varphi_2(\omega)$ für instabiler Anteil. Der Gesamtphasengang $\varphi(\omega) = \varphi_1(\omega) + \varphi_2(\omega)$ entspricht einem Phasengang von zwei I-Gliedern.

Bild L.20

Bode-Diagramm der instabilen Regelstrecke

c) Die Sprungantwort der Regelstrecke ist einem I2-T2-Verhalten ähnlich. Eine Simulation mit der Datei *a_15_5.m* (Abschnitt 1.1.3) läßt sich das überprüfen.

Lösung zu **2.15.6 Vollständiges Nyquist-Stabilitäskriterium**

a) Rechenergebnisse: $G_0(s) = \dfrac{K_{PR}\cdot(1+sT_n)\cdot(1+sT_v)}{s\cdot T_n\cdot(1+sT_R)}\cdot\dfrac{K_{PS}}{(1+sT_7)\cdot(1-s^2T_S^2)}$

Das Bode-Diagramm ist im Bild L.21 skizziert:

$$K_{I0}(s) = \frac{K_{PR}\cdot K_{PS}}{T_n} = \frac{1\cdot 2.13}{2\,\text{sec}} = 1{,}065 \qquad \frac{1}{T_n} = 0{,}5\,\text{sec}^{-1} \qquad \frac{1}{T_v} = 10\,\text{sec}^{-1}$$

$$\frac{1}{T_R} = 100\,\text{sec}^{-1} \qquad \frac{1}{T_7} = 22{,}7\,\text{sec}^{-1} \qquad \frac{1}{T_S} = 28{,}3\,\text{sec}^{-1}$$

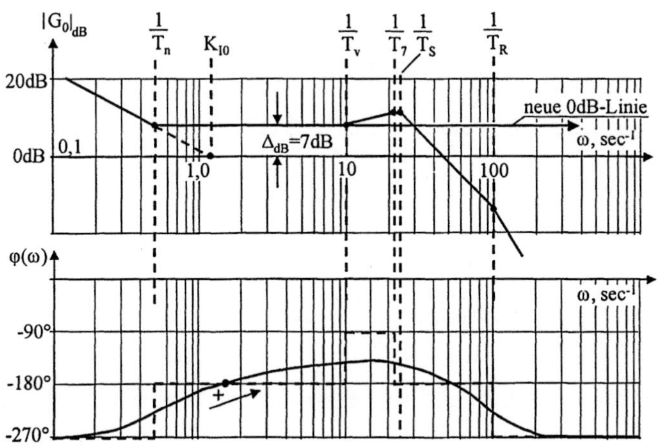

Mit $n_r = 1$ und $d_{\text{positiv}} = 1$ ist der Regelkreis instabil. Verschiebt man die 0-dB-Linie um $\Delta_{dB} = 7\text{dB}$ nach oben ($\Delta K \approx 2$), wird der Kreis stabil: $d_{\text{positiv}} = 0{,}5$.

Damit ist:

$K_{\text{Prneu}} = 1/\Delta K = 0{,}5$

Bild L.21 Bode-Diagramm des Regelkreises mit instabiler Regelstrecke

b) Durch eine Simulation (Datei *a_15_6.m*, siehe Hinweise des Abschnitts 1.1.3) mit dem Eingangssprung w = 1 kann man die Rechenergebnisse bestätigen.

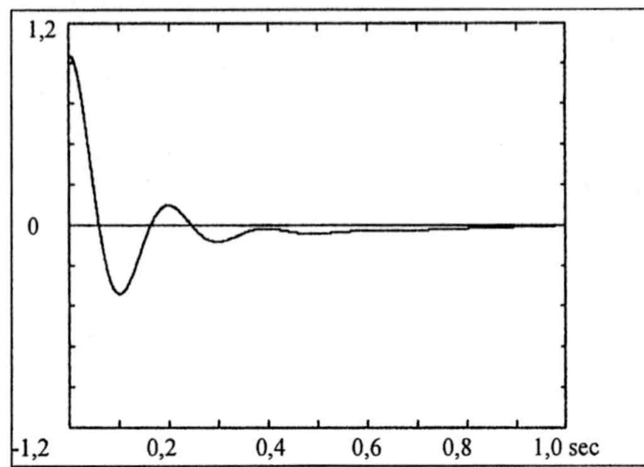

Zum Vergleich ist auch eine TUTSIM-Simulation im Bild L.22 dargestellt. Das Verhalten des Regelkreises ist stabil, obwohl er sehr empfindlich auf kleine Parameteränderungen reagiert.

Bild L.22

Die mit dem TUTSIM-Programm simulierte Sprungantwort des Regelkreises mit instabiler Regelstrecke

Lösung zu **2.15.7 Betragsoptimum, Ersatzzeitkonstante**

$$G_0(s) = \frac{K_{PR} \cdot K_{PS}}{(1+sT_1)\cdot(1+sT_2)\cdot(1+sT_3)} \underset{T_E = T_2 + T_3}{\Longrightarrow} G_0(s) = \frac{K_{PR} \cdot K_{PS}}{(1+sT_1)\cdot(1+sT_E)}$$

Der Proportionalbeiwert des Reglers nach dem Betragsoptimum (Grundtyp „B") ist:

$$K_{PRopt} = \frac{(T_1 + T_E)^2}{2\cdot T_1 \cdot T_E \cdot K_{PS}} - \frac{1}{K_{PS}} = \frac{(6\,\text{sec} + 5{,}5\,\text{sec})^2}{2\cdot 6\,\text{sec}\cdot 5{,}5\,\text{sec}\cdot 1} - \frac{1}{1} = 1$$

Simulationsergebnisse (Datei *a_15_7.m*, Abschnitt 1.1.3): Die Auswertung wird nach dem Eingangssprung w = 1 mit folgenden Regelgütekriterien durchgeführt:

Regelgüteparameter	Rechenergebnisse	Simulation
Beharrungszustand $x(\infty)$	$x(\infty) = 0{,}5$	$x(\infty) =$
Anregelzeit $T_{an} \approx 4{,}7\cdot T_E$	$T_{an} = 25{,}9\text{sec}$	$T_{an} =$
Ausregelzeit $T_{aus} \approx 11\cdot T_E$	$T_{aus} = 60{,}5\text{sec}$	$T_{aus} =$
Überschwingweite $ü_{max}$ % bezogen auf $x(\infty)$	$ü_{max} = 4{,}3\% = 0{,}043$	$ü_{max}\% =$
Anzahl der Halbwellen n (Dämpfungsgrad ϑ)	$\vartheta \approx 1/n = 0{,}707$	$n \approx$ $\vartheta \approx$

Da hier die Ersatzzeitkonstante korrekt gebildet ist, stimmen die Simulationsergebnisse mit den theoretisch ermittelten Werten überein.

Lösung zu **2.15.8 Kaskadenregelung, Betragsoptimum**

$$G_{01}(s)=\frac{K_{\text{PR1}}\cdot K_{\text{PS}}}{1+sT_1} \quad\Rightarrow\quad G_{\text{w1}}(s)=\frac{K_{\text{PR1}}\cdot K_{\text{PS}}}{K_{\text{PR1}}\cdot K_{\text{PS}}+(1+sT_1)}$$

$$G_{\text{w1}}(s)=\underbrace{\frac{K_{\text{PR1}}\cdot K_{\text{PS}}}{1+K_{\text{PR1}}\cdot K_{\text{PS}}}}_{K_{\text{Pw1}}}\cdot\frac{1}{1+s\cdot\underbrace{\dfrac{T_1}{1+K_{\text{PR1}}\cdot K_{\text{PS}}}}_{T_{\text{w1}}}} \quad\Rightarrow\quad \frac{T_1}{T_{\text{w1}}}=1+K_{\text{PR1}}\cdot K_{\text{PS}}$$

$$\frac{T_1}{T_{\text{w1}}}=20 \quad\Rightarrow\quad K_{\text{PR1}}=\frac{20-1}{K_{\text{PS}}}=19 \text{ und } K_{\text{Pw1}}=\frac{K_{\text{PR1}}\cdot K_{\text{PS}}}{1+K_{\text{PR1}}\cdot K_{\text{PS}}}=0{,}95$$

Für den Führungsregelkreis: $G_{02}(s)=\dfrac{K_{\text{PR2}}\cdot(1+sT_{\text{n2}})}{s\cdot T_{\text{n2}}}\cdot\dfrac{K_{\text{Pw1}}}{1+sT_{\text{w1}}}\cdot\dfrac{1}{1+sT_2}$

Nach Kompensation mit $T_{\text{n2}}=T_{\text{größte}}=T_2=0{,}5\,\text{sec} \quad\Rightarrow\quad G_{02}(s)=\dfrac{K_{\text{PR2}}\cdot K_{\text{Pw1}}}{s\cdot T_{\text{n2}}(1+sT_{\text{w1}})}$

erfolgt die Reglereinstellung nach dem Grundtyp „A" des Betragsoptimums:

$$K_{\text{PR2opt}}=\frac{T_{\text{n2}}}{2\cdot T_{\text{w1}}\cdot K_{\text{Pw1}}}=\frac{0{,}5\,\text{sec}}{2\cdot 0{,}3\cdot 0{,}95}=0{,}87$$

Die Simulationsergebnisse (siehe Internet-Adresse im Abschnitt 1.1.3, Datei *a_15_8.m*) stimmen mit den rechnerisch gefundenen Werten überein.

Lösung zu **2.15.9 Reglereinstellung nach Intergralkriterien**

Die Reglereinstellung erfolgt nach dem Betragsoptimum für den Ausgang $x_3(t)$ mit dem Gewichtskoeffizienten $g_3=1$:

$K_{\text{PR}}=0{,}5$ $\quad T_{\text{n}}=8\text{sec}$

$T_{\text{v}}=0{,}8\text{sec}$ $\quad T_{\text{R}}=0{,}08\text{sec}$

Die Gewichtskoeffizienten sind:

$g_1=5{,}75$ $\quad g_4=0{,}575$

$g_2=2{,}09$ $\quad g_5=0{,}39$

$g_3=1{,}00$ $\quad g_6=0{,}29$

Die Simulation erfolgt mit der Datei *a_15_9.m* (Abschnitt 1.1.3).

Zum Vergleich sind die mit dem TUTSIM simulierten Sprungantworten (Bild L.23) gegeben.

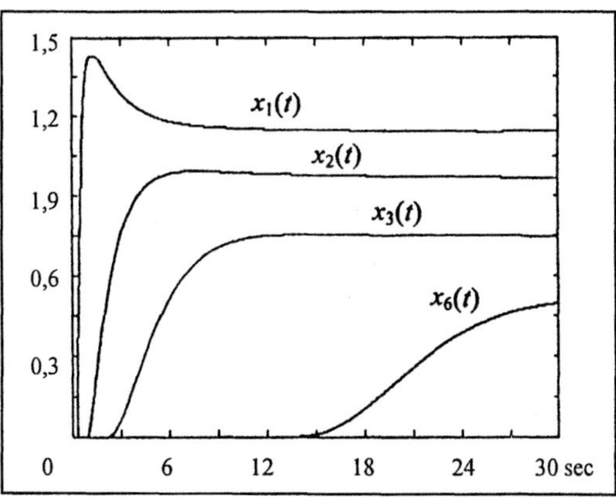

Bild L.23 Simulationsergebnisse für vier Ausgängen

Lösungen zum Kapitel 3: Zweipunktregelung

Lösungen zum Abschnitt 3.1: Regler ohne Schaltdifferenz

Lösung zu **3.1.1 Zweipunktregler mit und ohne Grundlast**

a) Die Schwingungsperiode ist:

$T_0 = 4 \cdot T_t = 4 \cdot 0{,}1\,\text{sec} = 0{,}4\text{sec}.$

Die Amplitude x_0 wird aus dem Bild L.24 abgelesen: $x_0 = 0{,}1$.

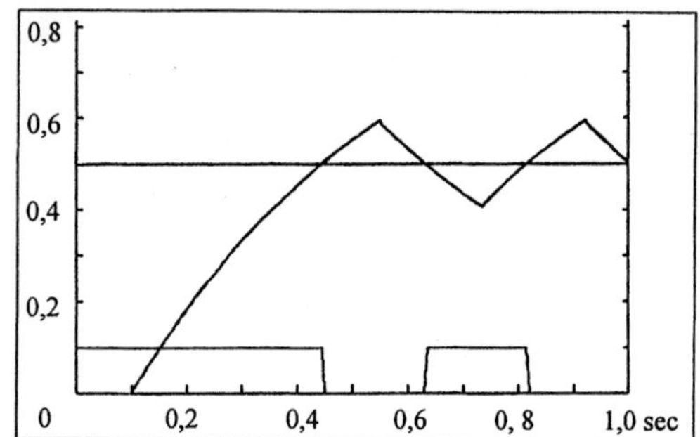

Bild L.24 Kreis mit P-Tt-Strecke: $w_S = 0{,}5$, ohne Grundlast

b) Mit der Grundlast $y_{Grund} = 0{,}5$ und der Schaltleistung von $y_{min} = 0{,}25$ bis $y_{max} = 0{,}75$ wird die Amplitude der Arbeitsschwingung halbiert (Bild L.25).

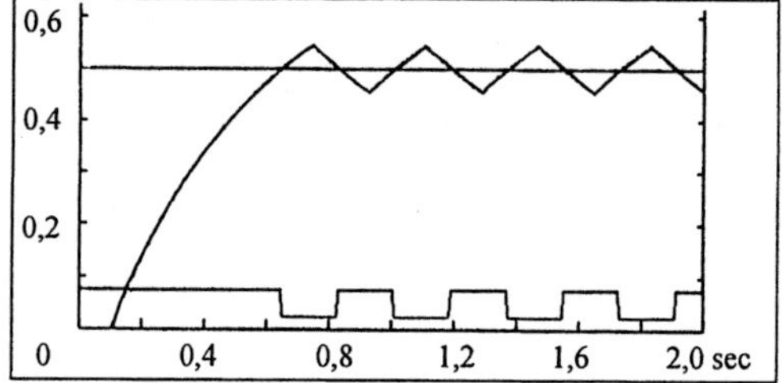

Bild L.25 Kreis mit P-Tt-Strecke: $w_S = 0{,}5$ und $y_{Grund} = 0{,}5$

c) Mit dem Sollwert $w_S = 0{,}75$ und der Grundlast $y_{Grund} = 0{,}5$ halbiert sich die Amplitude der Arbeitsschwingung x_0 (Bild L.26).

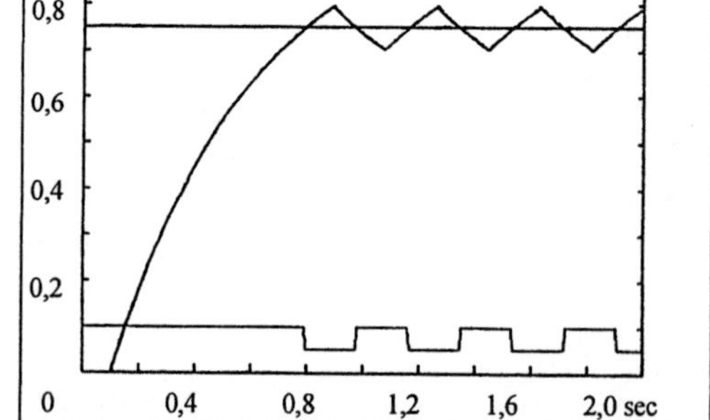

Bild L.26 Kreis mit P-Tt-Strecke: $w_S = 0{,}75$ mit Grundlast $y_{Grund} = 0{,}5$ Schaltleistung: $y_{min} = 0$ $y_{max} = 0{,}5$

Lösung zu **3.1.2 Regelkreis mit P-T2-Strecke**

Da der Arbeitspunkt symmetrisch zwischen den Grenzwerten $x(0)$ und $x(\infty)$ liegt, d.h. $w_S = \frac{X_E}{2} = \frac{x(\infty) - x(0)}{2}$, berechnet man die Amplitude der Arbeitsschwingung nach der Formel $x_0 = \frac{X_E}{2} \cdot \frac{T_u}{T_g} = \frac{4-0}{2} \cdot \frac{1}{2{,}5} = 0{,}8$.

Lösung zu **3.1.3 Regelkreis mit I-Tt-Strecke**

a) Die Lösung (Bild L.27) ist der Lösung 3.1.1a ähnlich, nur soll man die Sprungantwort des I-Gliedes graphisch ermitteln.

Zuerst wird die Totzeit $T_t = 0{,}1\text{sec}$ und danach die Sprungantwort des I-Gliedes nach der gegebenen Steigung K_{IS} eingetragen. Dafür gibt es einen Hilfspunkt. Im Zeitpunkt $t_{hilf} = 1\text{sec}$ soll die Regelgröße den Wert von $x(t_{hilf}) = K_{IS} \cdot y_{max} \cdot t_{hilf}$ erreichen.

Dem Zeitpunkt

$t_{hilf} = T_t + 0{,}1\text{sec} = 0{,}2\text{ sec}$

entspricht die Regelgröße:

$x(t_{hilf}) = 0{,}1 \cdot K_{IS} \cdot y_{max} \cdot t_{hilf} = 0{,}2.$

Der weitere Lösungsweg entspricht dem der Lösung 3.1.1a.

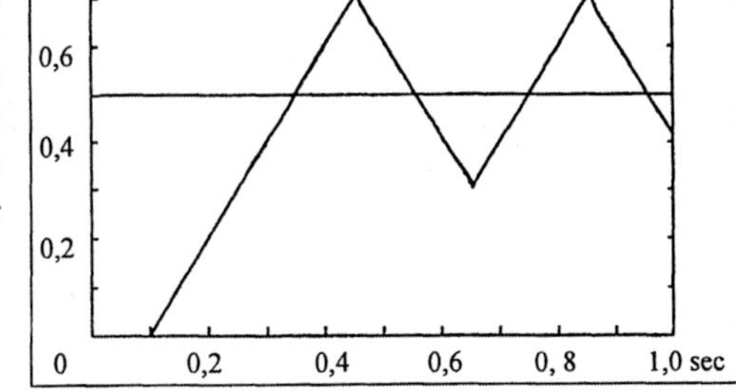

Bild L.27 Zweipunktregler mit I-Tt-Strecke

b) Wenn K_{IS} halbiert wird, halbiert sich die Steigung der Sprungantwort des I-Gliedes. Damit halbiert sich auch die Amplitude der Arbeitsschwingung.

Lösung zu **3.1.4 Zweipunktregler mit Grundlast**

a) Die P-Tn-Regelstrecke wird durch ein P-T1-Glied mit $T_1 = T_g = 76\text{sec}$ und ein Totzeitglied mit der Zeitkonstante $T_t = T_u = \frac{T_g}{5} = 15{,}2\,\text{sec}$ angenähert. Daraus folgt:

$$x_0 = \frac{X_E}{2} \cdot \frac{T_u}{T_g} = \frac{T_{max}\,°C - T_{min}\,°C}{2} \cdot \frac{1}{5{,}5} = \frac{(120-20)°C}{2} \cdot 0{,}2 = 10°C$$

b) Grundleistung: $P_{Grund} = \frac{1}{4} \cdot P = 5\,\text{KW}$

c) Schaltleistung: $P_{Schalt} = \frac{1}{2} \cdot P = 10\,\text{KW}$ mit $P_{min} = 5$ KW und $P_{max} = 15$ KW

Lösungen zum Abschnitt 3.2: Regler mit Schaltdifferenz

Lösung zu **3.2.1 Zweipunktregler mit P-T1-Strecke**

a) Die Regelgröße pendelt, wie im Bild L.28 gezeigt ist, in einem Bereich von ($w_S + x_d$) bis ($w_S - x_d$). Die Pendelamplitude x_0 ist durch die Schaltdifferenz x_d bestimmt, d.h

$$x_0 = x_d = 0{,}2 \,.$$

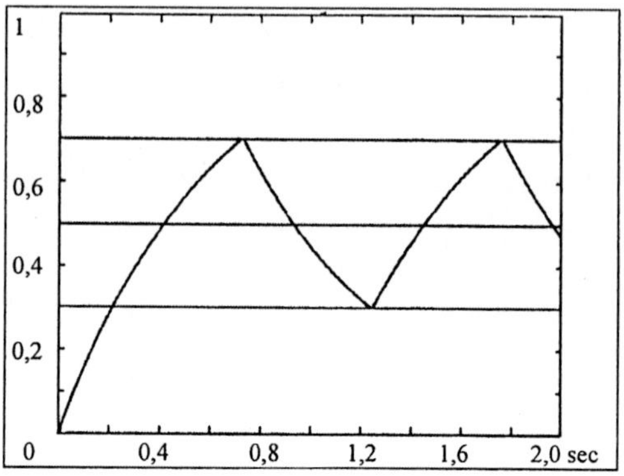

Bild L.28 Zweipunktregler mit Schaltdifferenz x_d =0,2sec

b) Wird die Schaltdifferenz x_d halbiert, so halbiert sich auch die Pendelamplitude x_0. Damit ist ein Hinweis für die Einstellung des Zweipunktreglers mit der gewünschten Amplitude gegeben. Die Amplitude der Arbeitsschwingung hängt jedoch nicht von der Zeitkonstante der Regelstrecke T_1 ab. Bei der Änderung der Zeitkonstante T_1 ändert sich lediglich die Schwingungsperiode. Je kleiner T_1 ist, desto größer wird die Schwingungsfrequenz.

Lösung zu **3.2.2 Zweipunktregler mit P-Tt-Strecke**

Die Lösung ist im Bild L.29 dargestellt. Sie unterscheidet sich von der Lösung 3.2.1 dadurch, daß die Regelgröße nicht mehr innerhalb eines Bereiches von ($w_S + x_d$) bis ($w_S - x_d$) pendelt, sondern nach dem Abschalten bzw. Einschalten des Zweipunktreglers noch T_t = 0,1sec weiter ansteigt bzw. sinkt.

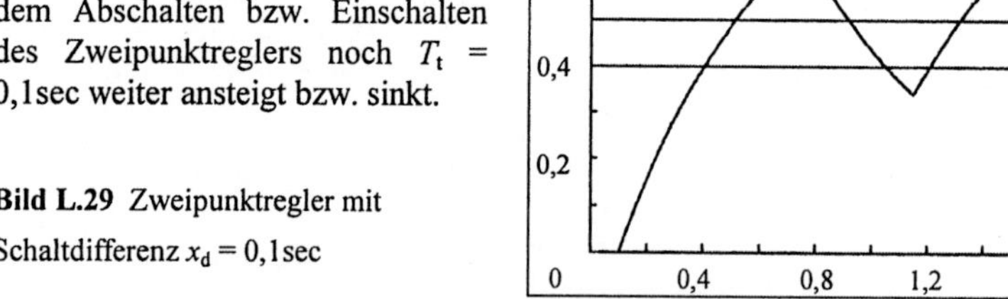

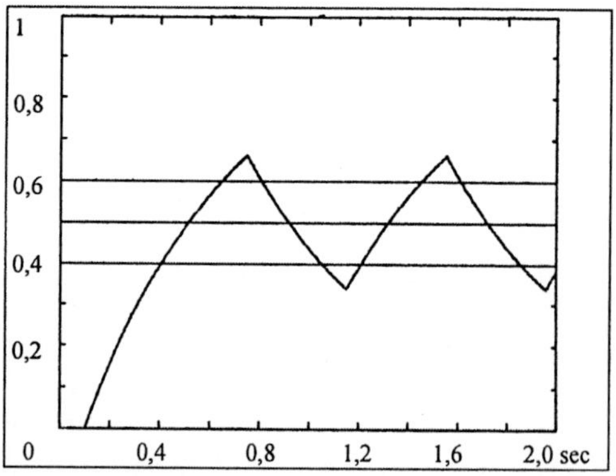

Bild L.29 Zweipunktregler mit Schaltdifferenz x_d = 0,1sec

Die Amplitude der Arbeitsschwingung beträgt x_0 = 0,14 und ist damit größer als x_d. Die Schwingungsperiodendauer T_0 = 0,8 sec wird aus dem Bild L.29 abgelesen. Daraus ergibt sich für die Schwingungsfrequenz $f = 1/T_0 = 1/0{,}8$ sec = 1,25 Hz.

Lösungen zum Kapitel 4: Digitale Regelung

Lösungen zum Abschnitt 4.1: Quasikontinuierliche Regelung

Lösung zu **4.1.1 Bestimmung von Abtastzeiten**

Die Abtastung führt zu einer Totzeit $T_t = 0{,}5 \cdot T_A$ und Phasensenkung $\varphi_t(\omega) = -\omega \cdot T_t$ oder $\varphi_{Digital}(\omega) = \varphi_{Analog}(\omega) + \varphi_t(\omega)$. Für $\omega_D = 10 s^{-1}$ wird $\varphi_t(\omega_D) = -\omega_D \cdot T_t = -10 sec^{-1} \cdot T_t$.

Andererseits ist die Phase durch die Änderung der Phasenreserve bestimmt:

$\varphi_t(\omega_D) = \varphi_{Digital}(\omega_D) - \varphi_{Analog}(\omega_D) = 30{,}7° - 45° = -14{,}3° = -0{,}25$ Rad. Aus obigem Vergleich folgt: $T_t = 0{,}25 \cdot \dfrac{1}{10\,sec^{-1}} = 0{,}025\,sec$ und $T_A = 2 \cdot T_t = 0{,}05$ sec.

Lösung zu **4.1.2 Reglereinstellung nach Phasenreserve**

Die Übertragungsfunktion des offenen Kreises mit analogem PI-Regler lautet:

$$G_0(s) = \frac{K_{PR} \cdot (1 + sT_n)}{sT_n} \cdot \frac{K_{PS}}{(1 + sT_1)} \cdot e^{-sT_t} \quad \Rightarrow \quad \text{Kompensation: } T_n = T_1 = 15\text{sec}$$

Die Übertragungsfunktion des quasikontinuierlichen Kreises mit digitalem PI-Regler besitzt ein zusätzliches Tt-Glied mit der Totzeit $T_{t(Digital)} = 0{,}5 \cdot T_A = 0{,}2$sec:

$$G_0(s) = \frac{K_{PR} K_{PS}}{sT_n} \cdot e^{-sT_{t(Ges)}}$$

mit der gesamten Totzeit $T_{t(Ges)} = T_t + T_{t(Digital)} = 5{,}2$ sec. Das Bode-Diagramm für $K_{PR} = 1$ und

$$K_{Io} = \frac{K_{PR} K_{PS}}{T_n} = 0{,}0465 s^{-1}$$

ist im Bild L.30 skizziert.

Nach der Verschiebung der 0-dB-Achse nach unten um Δ_{dB} = 6dB $\Rightarrow$ ΔK = 2 wird die Phasenreserve von $\alpha_R = 60°$ erreicht: $K_{PR(neu)} = K_{PR\,(alt)} \cdot \Delta K = 1 \cdot 2$.

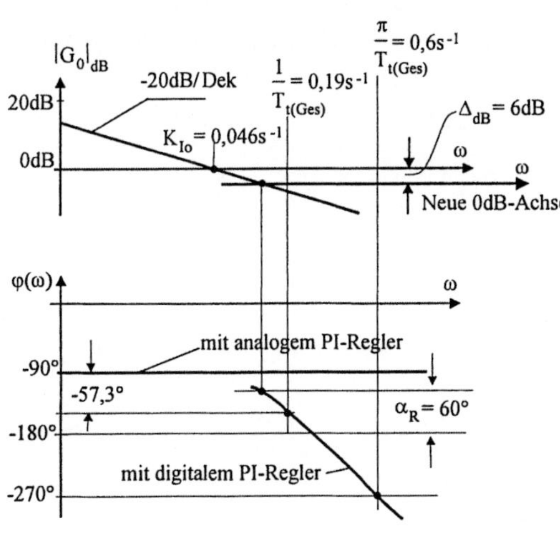

Bild L.30 Bode-Diagramm des offenen Kreises

Lösung zu **4.1.3 Phasengänge von analogen/digitalen Regelkreisen**

Da es sich um eine quasikontinuierliche Regelung handelt, unterscheiden sich beide Regelkreise lediglich durch ein Tt-Glied mit der Zeitkonstante $T_t = 0{,}5 \cdot T_A$. Zu dieser Zeitkonstante kommt man, indem man eine Stelle im Bode-Diagramm sucht, wo die Differenz zwischen den Phasengängen von analogem und digitalem Regler genau 57,3° beträgt. Die Frequenz an dieser Stelle ist gleich $1/T_t$, wie im Bild L.31 gezeigt ist.

Damit gilt es, zuerst den Phasengang des Regelkreises mit analogem Regler zu skizzieren und danach die obengenannte Stelle mit der Phasendifferenz $\varphi_t = |57{,}3°|$ zwischen den beiden Phasengängen zu finden.

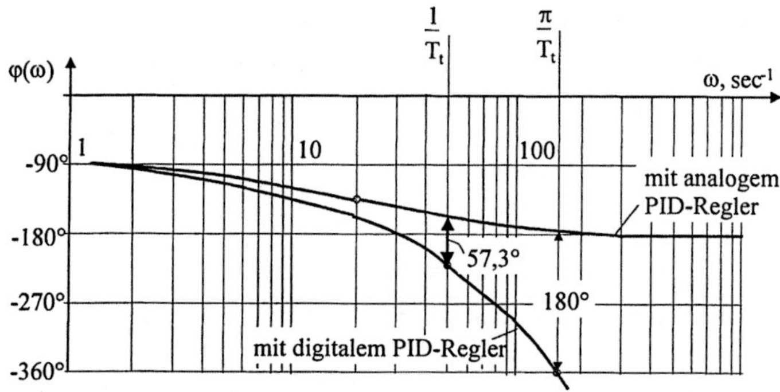

Bild L.31 Phasengänge zur Bestimmung der Abtastzeit

Beim analogen Regler ist die Übertragungsfunktion des aufgeschnittenen Regelkreises

$$G_0(s) = \frac{K_{PR} \cdot (1+sT_n) \cdot (1+sT_v)}{sT_n} \cdot \frac{K_{PS}}{(1+sT_1) \cdot (1+sT_2) \cdot (1+sT_3)}$$

mit $T_n = T_3 = 0{,}3\,\text{sec}$ und $T_v = T_1 = 0{,}1\,\text{sec}$ vollständig kompensiert:

$$G_0(s) = \frac{K_{PR}}{sT_n} \cdot \frac{K_{PS}}{(1+sT_2)}$$

Damit liegt ein I-T1-Verhalten vor.

Der entsprechende Phasengang mit der zugehörigen Eckkreisfrequenz ($1/T_2 = 20\,\text{sec}^{-1}$) ist im Bild L.31 eingetragen.

Aus dem Vergleich der beiden Kurven ergibt sich $\varphi_t = |57{,}3°|$ bei der Frequenz $\omega_t = 50\,\text{sec}^{-1}$.

Daraus folgt $T_t = \dfrac{1}{50\,\text{sec}^{-1}} = 0{,}02\,\text{sec}$ und $T_A = 0{,}04\,\text{sec}$.

Lösung zu **4.1.4 Stabilitätsgrenze**

Der aufgeschnittene Regelkreis mit analogem P-Regler besitzt ein I-T1-Verhalten mit der Eckfrequenz von $\omega_1 = 0{,}6\text{sec}^{-1}$ (Bild L.32).

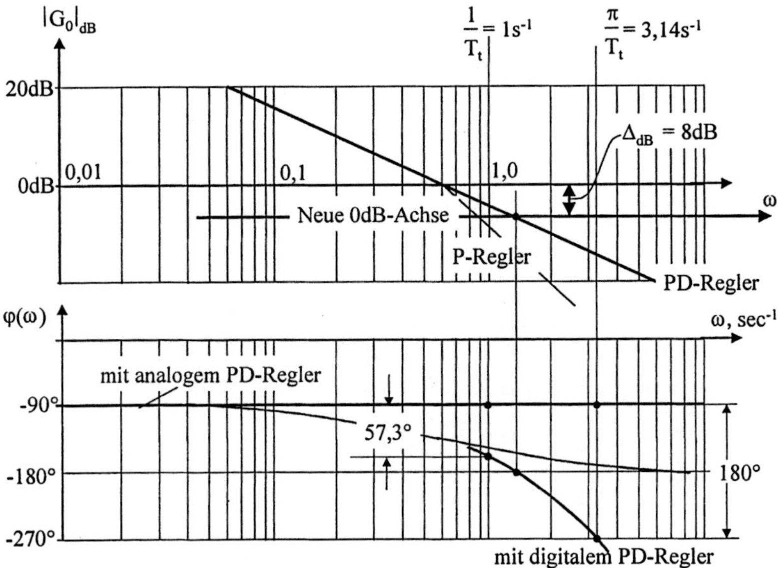

Bild L.32 Bode-Diagramm zur Bestimmung der Stabilitätsgrenze

Die Zeitkonstante T_1 wird mit der Vorhaltzeit T_v des PD-Reglers kompensiert:

$$T_v = T_1 = \frac{1}{0{,}6\,\text{sec}^{-1}} = 1{,}67\,\text{sec}$$

Die Abtastzeit des Reglers führt zu einer Totzeit $T_t = 0{,}5 \cdot T_A = 0{,}5 \cdot 2\text{sec} = 1\text{sec}$.

Das Bode-Diagramm des aufgeschnittenen Regelkreises mit digitalem PD-Regler ist unter Berücksichtigung der Kompensation und Totzeit im Bild L.32 eingetragen.

Verschiebt man die 0-dB-Achse nach unten um $\Delta_{dB} = 8\text{dB} \Rightarrow \Delta K = 2{,}5$, so wird die Stabilitätsgrenze erreicht.

Damit erhält man den kritischen Proportionalbeiwert des Reglers:

$$K_{\text{Prkrit}} = K_{\text{PR (alt)}} \cdot \Delta K = 2{,}5 \cdot 2{,}5 = 6{,}25$$

Lösung zu **4.1.5 Reglereinstellung nach Betragsoptimum**

Die Übertragungsfunktion des analogen Regelkreises

$$G_0(s) = \frac{K_{PR} \cdot (1+sT_n)}{sT_n} \cdot \frac{K_{PS}}{(1+sT_1)\cdot(1+sT_2)}$$

wird zunächst kompensiert ($T_n = T_{größte}$, z.B. $T_n = T_2$):

$$G_0(s) = \frac{K_{PR}}{sT_n} \cdot \frac{K_{PS}}{1+sT_1}$$

und danach optimal eingestellt:

$$K_{PR} = \frac{T_n}{2 \cdot K_{PS} \cdot T_1} = 3{,}5$$

Damit ist die Zeitkonstante der Regelstrecke

$$T_1 = \frac{T_n}{2 \cdot K_{PR} \cdot K_{PS}} = \frac{34{,}3\,\text{sec}}{2 \cdot 3{,}5 \cdot 0{,}24} = 20{,}4\,\text{sec}\,.$$

Die Regelgröße des digitalen Regelkreises mit der Übertragungsfunktion

$$G_0(s) = \frac{K_{PR}}{sT_n} \cdot \frac{K_{PS}}{1+sT_1} \cdot e^{-sT_t}$$

schwingt mit der Eigenkreisfrequenz

$$\omega_0 = \omega_d = \frac{2 \cdot \pi}{T_{krit}} = \frac{2 \cdot \pi}{15\,\text{sec}} = 0{,}4\,\text{sec}^{-1}\,.$$

Damit ist die Durchtrittsfrequenz bestimmt: $\omega_D \approx \omega_0$.

Bei dieser Frequenz sind die Phasenwinkel:

- $\varphi_{Digital}(\omega_D) = -180°$

  $\varphi_{Analog}(\omega_D) = -90° - \arctan(\omega_D \cdot T_1) = -90° - \arctan(0{,}4\text{sec}^{-1} \cdot 20{,}4\text{sec}) = -173°$

Die Phasendifferenz zwischen $\varphi_{Digital}$ und φ_{Analog} entspricht einem Totzeitglied $\varphi_t(\omega) = -\omega \cdot T_t$, das die Zeitverzögerung der digitalen Regelalgorithmen mit den Wandelzeiten berücksichtigt:

$$\varphi_t(\omega_D) = \varphi_{Digital}(\omega_D) - \varphi_{Analog}(\omega_D) = -180° - (-173°) = -7° = -0{,}122\ \text{Rad}.$$

Daraus folgt die gesuchte Abtastzeit:

$$T_t = -\frac{\varphi_t(\omega_D)}{\omega_D} = -\frac{-0{,}122}{0{,}4\,\text{sec}^{-1}} = 0{,}305\,\text{sec}$$

$$T_A = 2 \cdot T_t = 2 \cdot 0{,}305\,\text{sec} = 0{,}61\,\text{sec}$$

Lösungen zum Abschnitt 4.2: Digitale Regelalgorithmen

Lösung zu **4.2.1 Aufstellen von Algorithmen**

a) Die Stellgröße erreicht den Wert $y = 6$ zum Zeitpunkt $t = 2{,}0\text{sec}$, wie es sich aus der Sprungantwort des PI-Reglers für den Eingangssprung $\hat{e} = 2$ (Bild L.33a) ergibt.

b) Die Digitalisierung der Stellgröße (Rechteckregel, Typ 1, linke Intervallgrenze) mit der Abtastzeit T_A für die Zeit von 0 bis $t = k \cdot T_A$ ist im Bild L.33b dargestellt.

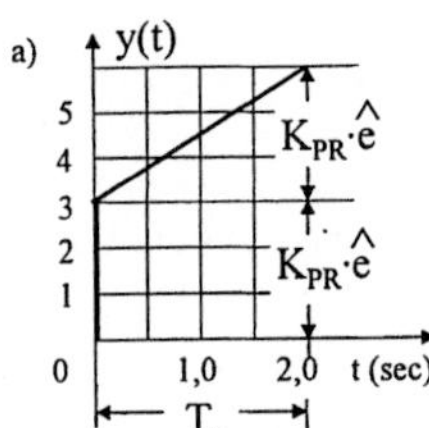

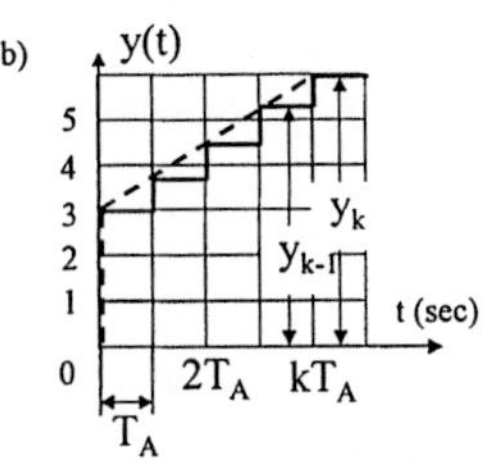

Bild L.33

Sprungantworten der Stellgröße:

a) analoger Regler

b) digitaler Regler

Der PI-Regelalgorithmus besteht aus zwei Anteilen, die getrennt digitalisiert werden.

Für P-Anteil gilt zum Abtastzeitpunkt k:

$$y_{kP} = K_{PR} \cdot e_k$$

Der I-Anteil wird durch eine Summe ersetzt und weiter nach dem rekursiven Algorithmus vom Typ 1 umgewandelt:

$$y_{kI} = \frac{K_{PR}}{T_n} \int e(t) \cdot dt \approx \frac{K_{PR}}{T_n} \cdot \sum_{i=0}^{k-1} e_i \cdot T_A = y_{kI-1} + K_{PR} \cdot \frac{T_A}{T_n} \cdot e_k - e_{k-1}$$

Damit lautet der digitalisierte PI-Algorithmus für den Abtastzeitpunkt k:

$$y_k = y_{k-1} + K_{PR} \cdot \left(e_k - e_{k-1} + \frac{T_A}{T_n} \cdot e_{k-1} \right) = y_{k-1} + K_{PR} \cdot \left[e_k - \left(1 - \frac{T_A}{T_n} \right) \cdot e_{k-1} \right]$$

Die Abtastung beginnt nach dem Eingangssprung, d.h für n = 0 sind $e_{k-1} = 0$ und $y_{k-1} = 0$. Unmittelbar nach dem Sprung sind die abgetastete Werte der Eingangsgröße:

$$e_0 = e_1 = \ldots = e_4 = 2$$

Damit ergibt sich für die Stellgröße:

$$y_0 = 0{,}00 + 1{,}5 \cdot (2 - 0{,}75 \cdot 0) = 3{,}0$$

$$y_1 = 3{,}00 + 1{,}5 \cdot (2 - 0{,}75 \cdot 2) = 3 + 0{,}75 = 3{,}75$$

$$y_2 = 3{,}75 + 0{,}75 = 4{,}50$$

$$y_3 = 4{,}50 + 0{,}75 = 5{,}25$$

$$y_4 = 5{,}25 + 0{,}75 = 6{,}00$$

Die Ergebnisse sind im Bild L.33b eingetragen.

Lösung zu **4.2.2 Geschwindigkeits- und Stellungsalgorithmen**

Bei Digitalisierung eines PID-Regelalgorithmus

$$y(t) = K_{\mathrm{PR}} \cdot \left[e(t) + \frac{1}{T_{\mathrm{n}}} \int e(t) \cdot dt + T_{\mathrm{v}} \cdot \dot{e}(t) \right]$$ gilt für die Abtastzeitpunkte:

$$i = k-1 \Rightarrow y_{k-1} = K_{\mathrm{PR}} \cdot \left(e_{\mathrm{k-1}} + \frac{1}{T_{\mathrm{n}}} \cdot \sum_{i=0}^{k-1} e_{\mathrm{i}} \cdot T_{\mathrm{A}} + T_{\mathrm{v}} \cdot \frac{e_{\mathrm{k-1}} - e_{\mathrm{k-2}}}{T_{\mathrm{A}}} \right)$$

$$i = k \Rightarrow y_{\mathrm{k}} = K_{\mathrm{PR}} \cdot \left(e_{\mathrm{k}} + \frac{1}{T_n} \cdot \sum_{i=0}^{k} e_{\mathrm{i}} \cdot T_{\mathrm{A}} + T_{\mathrm{v}} \cdot \frac{e_{\mathrm{k}} - e_{\mathrm{k-1}}}{T_{\mathrm{A}}} \right)$$

a) Bei dem Geschwindigkeitsalgorithmus wird nur das Stellinkrement $\Delta y_{\mathrm{k}} = y_{\mathrm{k}} - y_{\mathrm{k-1}}$ berücksichtigt:

$$\Delta y_{\mathrm{k}} = K_{\mathrm{PR}} \cdot \left[e_{\mathrm{k}} - e_{\mathrm{k-1}} + \frac{1}{T_n} \cdot e_{\mathrm{k}} \cdot T_{\mathrm{A}} + \frac{T_{\mathrm{v}}}{T_{\mathrm{A}}} \cdot (e_{\mathrm{k}} - 2 \cdot e_{\mathrm{k-1}} + e_{\mathrm{k-2}}) \right]$$

Im Beharrungszustand ist das Stellinkrement $\Delta y_{\mathrm{k}} = 0$ und die Stellgröße $U_{\mathrm{A}} = 0$. Der Schrittmotor steht still und das Stellglied bleibt in der letzten Position.

b) Bei dem Stellalgorithmus werden die Stellinkremente Δy_{k} für den Zeitpunkt $t_{\mathrm{k}} = k \cdot T_{\mathrm{A}}$ im digitalen Regler (im Rechner) summiert: $y_{\mathrm{k}} = \sum_{i=0}^{k} \Delta y_{\mathrm{k}}$.

Damit wird auch im Beharrungszustand eine Stellgröße $U_{\mathrm{A}} = U_{\mathrm{A0}}$ erzeugt.

Lösung zu **4.2.3 Wirkung von Abtastzeiten**

Bei der Digitalisierung mit der Abtastzeit T_{A} für die Zeit von 0 bis $t = k \cdot T_{\mathrm{A}}$ ist der I-Anteil:

$$K_{\mathrm{I}} \cdot \int_{0}^{kT_{\mathrm{A}}} e(t)dt \cong \sum_{i=0}^{kT_{\mathrm{A}}} \frac{e_{\mathrm{i}} + e_{\mathrm{i-1}}}{2} \cdot T_{\mathrm{A}}$$

Nach der Trapezregel

$$y_{\mathrm{Ik}} - y_{\mathrm{Ik-1}} = K_{\mathrm{I}} \cdot T_{\mathrm{A}} \cdot \sum_{i=0}^{k} \frac{e_{\mathrm{i}} + e_{\mathrm{i-1}}}{2} - K_{\mathrm{I}} \cdot T_{\mathrm{A}} \cdot \sum_{i=0}^{k-1} \frac{e_{\mathrm{i}} + e_{\mathrm{i-1}}}{2} = K_{\mathrm{I}} \cdot T_{\mathrm{A}} \cdot \frac{e_{\mathrm{k}} + e_{\mathrm{k-1}}}{2}$$

ist der I-Anteil der Stellgröße:

$$y_{\mathrm{Ik}} = y_{\mathrm{Ik-1}} + K_{\mathrm{I}} \cdot T_{\mathrm{A}} \cdot \frac{e_{\mathrm{k}} + e_{\mathrm{k+1}}}{2}$$

Verkleinert man die Abtastzeit T_{A}, so wird auch der I-Anteil der Sprungantwort kleiner.

Den PD-Anteil sollte man mit Verzögerung ausstatten:

$$y_D(t)+\frac{1}{T_R}\cdot y_D(t)=K_D\cdot \dot{e}(t) \quad\Rightarrow\quad \frac{y_{Dk}-y_{Dk-1}}{T_A}+\frac{1}{T_R}\cdot y_{Dk}=K_D\cdot\frac{e_k-e_{k-1}}{T_A}$$

Für den PD-T1-Anteil gilt: $y_{Dk}=\frac{T_R}{T_A+T_R}\cdot\left[y_{Dk-1}+K_D\cdot(e_k-e_{k-1})\right]$.

Daraus folgt: Je kleiner T_A ist, desto größer wird y_{Dk}.

Lösung zu **4.2.4 Sprungantwort eines digitalen Regelkreises**

Digitalisierte Gleichungen

⇒ des Reglers: $y_k=y_{k-1}+K_{IR}\cdot T_A\cdot\frac{e_k+e_{k-1}}{2}$

⇒ der Additionsstelle: $e_k=w_k-x_k$

⇒ der Regelstrecke: $x_k=K_{PS}\cdot y_k$

Ersetzt man y_{k-1} und y_k durch die Regelgröße $y_{k-1}=\frac{x_{k-1}}{K_{PS}}$ und $y_k=\frac{x_k}{K_{PS}}$, so ergibt sich die Gleichung des geschlossenen Regelkreises:

$$\frac{x_k}{K_{PS}}=\frac{x_{k-1}}{K_{PS}}+K_{IR}\cdot T_A\cdot\frac{e_k+e_{k-1}}{2}=\frac{x_{k-1}}{K_{PS}}+K_{IR}\cdot T_A\cdot\frac{w_k-x_k+w_{k-1}-x_{k-1}}{2}$$

Unter Beachtung von $w_{k-1}=w_k$ für den Eingangssprung findet man schließlich die rekursive Formel für die abgetastete Regelgröße:

$$x_k=\frac{1-0{,}5\cdot K_{IR}\cdot K_{PS}\cdot T_A}{1+0{,}5\cdot K_{IR}\cdot K_{PS}\cdot T_A}\cdot x_{k-1}+\frac{2\cdot K_{IR}\cdot K_{PS}\cdot T_A}{1+0{,}5\cdot K_{IR}\cdot K_{PS}\cdot T_A}\cdot w_{k-1}$$

Daraus folgt für die Kennwerte des Regelkreises:

$$x_k=\frac{1-0{,}5\cdot 2\,\mathrm{sec}^{-1}\cdot 8\cdot 0{,}05\,\mathrm{sec}}{1+0{,}5\cdot 2\,\mathrm{sec}^{-1}\cdot 8\cdot 0{,}05\,\mathrm{sec}}\cdot x_{k-1}+\frac{2\cdot 2\,\mathrm{sec}^{-1}\cdot 8\cdot 0{,}05\,\mathrm{sec}}{1+0{,}5\cdot 2\,\mathrm{sec}^{-1}\cdot 8\cdot 0{,}05\,\mathrm{sec}}\cdot w_{k-1}$$

$$x_k=0{,}43\cdot x_{k-1}+0{,}57\cdot w_{k-1}$$

Die Sprungantwort (Bild L.34) wird berechnet, angefangen von $x_0=0$ und $w_0=2$:

$$x_1=0{,}43\cdot 0{,}00+0{,}57\cdot 2=1{,}14$$
$$x_2=0{,}43\cdot 1{,}14+0{,}57\cdot 2=1{,}63$$
$$x_3=0{,}43\cdot 1{,}63+0{,}57\cdot 2=1{,}84$$
$$x_4=0{,}43\cdot 1{,}84+0{,}57\cdot 2=1{,}93$$
$$x_5=0{,}43\cdot 1{,}93+0{,}57\cdot 2=1{,}97$$
$$x_6=0{,}43\cdot 1{,}99+0{,}57\cdot 2=1{,}99$$

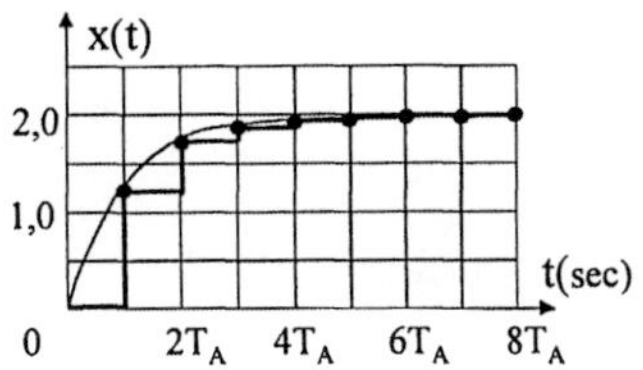

Bild L.34 Sprungantwort

Der Kreis hat P-T1-Verhalten.

Lösung zu **4.2.5 Dead-beat-Regler**

a) Die Übertragungsfunktionen des Regelkreises mit P-Regler (zur Vereinfachung ist bezeichnet $K_{IS} = K_{IS1} \cdot K_{IS2} = 1{,}6\text{sec}^{-1} \cdot 2{,}5\text{sec}^{-1} = 4\text{sec}^{-2}$) lautet:

$$G_0(s) = \frac{K_{PR} \cdot K_{IS}}{s^2} \quad \Rightarrow \quad G_w(s) = \frac{G_0(s)}{1+G_0(s)}$$

$$G_w(s) = \frac{K_{PR} \cdot K_{IS}}{s^2 + K_{PR} \cdot K_{IS}} = \frac{1}{1+s^2 \cdot \dfrac{1}{K_{PR} \cdot K_{IS}}} = \frac{1}{1+s^2 \cdot \dfrac{1}{\omega_0^2}}$$

Da der Dämpfungsgrad $\vartheta = 0$ ist, wird die Schwingungsperiode nur von ω_0 abhängig:

$$T_d = \frac{2 \cdot \pi}{\omega_d} = \frac{2 \cdot \pi}{\omega_0} = \frac{2 \cdot \pi}{\sqrt{K_{PR} \cdot K_{IS}}} = \frac{2 \cdot \pi}{\sqrt{4 \cdot 4\,\text{sec}^{-1}}} = 1{,}57\,\text{sec}$$

Die Anregelzeit ist $t = 0{,}5 \cdot T_d = 0{,}8\text{sec}$, dann stellt sich die Dauerschwingung ein.

b) Das Regelkreisverhalten mit PD-Regler wird beschrieben durch:

$$G_0(s) = \frac{K_{PR} \cdot K_{IS} \cdot (1+sT_v)}{s^2} \quad \Rightarrow \quad G_w(s) = \frac{K_{PR} \cdot K_{IS} \cdot (1+sT_v)}{s^2 + K_{PR} \cdot K_{IS} \cdot (1+sT_v)}$$

$$G_w(s) = \frac{1+sT_v}{s^2 \cdot \underbrace{\dfrac{1}{K_{PR} \cdot K_{IS}}}_{1/\omega_0^2} + s \cdot \underbrace{T_v}_{2\vartheta/\omega_0} + 1} \quad \Rightarrow \quad \begin{aligned} \omega_0 &= \sqrt{K_{PR} \cdot K_{IS}} = 4\,\text{sec}^{-1} \\ \vartheta &= \frac{T_v \cdot \sqrt{K_{PR} \cdot K_{IS}}}{2} = 2 \cdot T_v \end{aligned}$$

Mit $T_v \geq 0{,}5\text{sec}$ ist der Dämpfungsgrad $\vartheta \geq 1$. Damit erreicht die Regelgröße den Sollwert $w = 2$ gemäß P-T2-Verhalten mit $T_1 = T_2 = 0{,}5$ sec ohne Überschwingung.

c) Die Stellreserve ergibt sich aus der Sprungantwort (Bild L.35) für Zeitpunkt $t = 0{,}5 \cdot t_{aus}$

$$x(t) = \frac{1}{2} \cdot K_{IS} \cdot t^2 \cdot y_{max}$$

$$x\left(t_{aus}/2\right) = \frac{1}{2} \cdot K_{IS} \cdot \left(t_{aus}/2\right)^2 \cdot y_{max}$$

oder

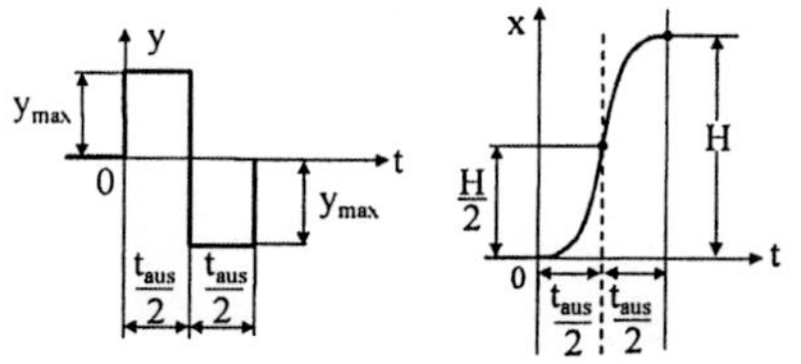

Bild L.35 Stellsignal und Sprungantwort

$$\frac{H}{2} = \frac{1}{2} \cdot 4\,\text{sec}^{-1} \cdot \left(0{,}8\,\text{sec}/2\right)^2 \cdot y_{max} \quad \Rightarrow \quad \underline{\underline{y_{max} = 3{,}125}}$$

d) Bei $H = 4$ soll die Stellreserve auch verdoppelt werden, d.h. $\underline{\underline{y_{max} = 6{,}25}}$

Lösungen zum Kapitel 5: Steuerung

Lösungen zum Abschnitt 5.1: Die Norm IEC 1131

Lösung zu **5.1.1 Organisationseinheiten**

b, c, f . Die Norm IEC 1131 definiert die folgenden drei in sich abgeschlossenen Programmbausteine (nach zunehmender Funktionalität):

Funktion	FUNCTION	Besitzt keine interne Bedingungen *Beispiel*: Summe von 2 Eingängen
Funktionseinheit	FUNCTION-BLOCK	Besitzt interne Bedingungen *Beispiel*: Zählerschleife
Programm	PROGRAM	Entspricht einem Hauptprogramm

Lösung zu **5.1.2 Sprachelemente**

a, c, d, g, i .

Gemäß IEC 1131 gibt es folgende Sprachelemente : Variable, Direkte Adresse, Literale.

Eine *Located Variable* besitzt eine Adresse im Signalspeicher der SPS. Damit kann das Anwenderprogramm die Signalzustände aus der SPS lesen oder an die SPS geben.

Eine *Unlocated Variable* deklariert man mit symbolischen Namen, der vom System verwaltet wird. Das Anwenderprogramm kennt nicht die der SPS zugeordnete Adresse.

Direkt-Adresse: Es gibt binäre und analoge Ein- und Ausgangsadressen, die auf die Kanäle der Ein-/Ausgangs-Baugruppen verweisen.

	Ein-/Ausgang	*Analog/Digital*	*Direkt-Adresse*
Beispiele von Direkt-Adressen	Eingang	Binär	%1:00023
	Ausgang	Binär	%0:00012
	Eingang	Analog	%3:00003
	Ausgang	Analog	%4:00002

Literale: Als Konstanten sind sie keiner Variablen zugeordnet.

	Variable	*Literale*
Beispiele für Literale	INT	4452
	REAL	12.0
	BOOL	0 oder 1
	TIME	t#2h15m16s10ms

Lösung zu **5.1.3 Datentypen**

b, d, e, f, h. Die Norm definiert folgende 5 Gruppen von Datentypen: Bitfolge, Ganzzahl, Gleitpunkt, Datum/Zeitpunkt und Zeichenfolge mit folgenden Eigenschaften:

Bitfolge

Datentyp	*Stichworte*	*Bereich*	*Bits*
BOOL	Boolsch	0,1	1
BYTE	Bitfolge 8	0...16#FF	8
WORD	Bitfolge 16	0...16#FFFF	16
DWORD	Bitfolge 32	0...16#FFFF FFFF	32
LWORD	Bitfolge 64	0...16#FFFF FFFF FFFF FFFF	64

Ganzzahl mit Vorzeichen

Datentyp	*Stichworte*	*Bereich*	*Bits*
SINT	kurze Ganzzahl	-128...+127	8
INT	Ganzzahl	-32768...+32767	16
DINT	Doppelte Ganzzahl	-2147483648...+2147483647	32
LINT	Lange Ganzzahl	$-2^{63}...2^{63}-1$	64

Ganzzahl ohne Vorzeichen

Datentyp	*Stichworte*	*Bereich*	*Bits*
USINT	kurze Ganzzahl	0...+255	8
UINT	Ganzzahl	0...+65535	16
UDINT	Doppelte Ganzzahl	0... $+2^{32}-1$	32
ULINT	Lange Ganzzahl	0... $+2^{64}-1$	64

Gleitpunkt

Datentyp	*Stichworte*	*Bereich*	*Bits*
REAL	Gleitpunktzahl	+/–2.9E-39 bis +/–3.4E+38	32
LREAL	lange Gleitpunktzahl		64

Datum, Zeitpunkt, Zeitdauer, Zeichenfolge

Datentyp	*Stichworte*	*Bezeichnung*
DATE	Datum	d#0001-01-01
TOD	Uhrzeit	tod#00:00:00
DT	Datum und Uhrzeit	dt#0001-01-01-00:00:00
TIME	Zeitdauer	t#0s
STRING	Zeichenfolge	t#0s

Lösung zu **5.1.4 Programmiersprachen**

Die Aussage ist fehlerhaft. Die Norm IEC 1131 enthält 5 Programmiersprachen.

Ein DFB ist keine Programmiersprache, es stellt ein Unterprogramm dar. Mit dem DFB-Editor kann man elementare Funktionen und Funktionsbausteine zusammenstellen, die dann eigene Namen erhalten und nach dem Aufrufen wie elementare FBD's behandelt werden. Man kann auch bereits erzeugte DFB's in die Erstellung neuer DFB's einbeziehen.

Es gibt *Globale* DFB, die sich im Unterverzeichnis ConCept befinden, und *Lokale* DFB, die sich unter dem Projektnamen im Unterverzeichnis *Testprj* befinden.

Die lokalen DFB haben Priorität gegenüber den globalen DFB.

Lösung zu **5.1.5 Merkmale der Programmiersprachen**

Fehlerhaft ist der Punkt (d). Der Strukturierte Text ist eine PASCAL-ähnliche Sprache.

Lösung zu **5.1.6 Standardfunktionen**

Die unter dem Punkt (i) aufgestellte Flankenerkennung gehört zwar zur Norm IEC-1131, ist aber keine Standardfunktion (FUNCTION) sondern ein Funktionsbaustein (FUNCTION-BLOCK), weil sie interne Bedingungen besitzt (siehe Lösung 5.1.1).

Die Gesamtgruppe der Funktionsbausteine besteht aus fünf Bausteinen:

1. Bitstabile Elemente (SR, RS)
2. Flankenerkennung (R_TRIG, F_TRIG)
3. Zähler (CTU, CTD, CTUD)
4. Zeiten (RTC)
5. Kommunikationsbausteine

Lösung zu **5.1.7 Betriebsarten**

Das Programm ConCept realisiert alle aufgezählten Betriebsarten:

- <u>Off-Line-Programmierung:</u> Das Anwenderprogramm wird off-line aus Sektionen aufgebaut. In Verbindung mit den Konfigurationsdaten entsteht ein Projekt.
- <u>On-Line-Programmierung:</u> Die Änderungen des Anwenderprogramms kann man on-line in die angeschlossene SPS übertragen.
- <u>On-Line-Steuerung:</u> Der Benutzer kann SPS über PC manuell starten/stoppen, Sollwerte direkt über PC eingeben, Laufzeit überwachen und Fehler lokalisieren.
- <u>Off-Line-Simulation</u>: Das Anwenderprogramm (Sektion) kann man statt in die SPS in einen PC-Simulator laden. Mit Hilfe einer „Daten-Referenzliste" werden die vorzugebenden Daten gesteuert bzw. die aktuellen Daten aus dem PC-Simulator angezeigt. Man kann während der Simulation auch DFB's (anwendereigene Funktionsbausteine) öffnen und die interne Verarbeitung animieren.

Lösungen zum Abschnitt 5.2: Funktionsbausteinsprache FBD

Lösung zu **5.2.1 Funktionsbaustein FFB-Logic**

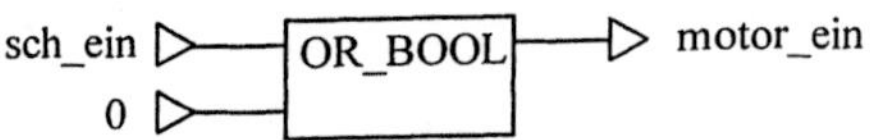

Die Aufgabe wird mit logischen Elementen gelöst, z.B. mit dem Block OR_BOOL.

Lösung zu **5.2.2 Funktionsbaustein FFB-Arithmetic**

Die Lösung erfolgt mit dem Additionsblock ADD-INT und ist unten gezeigt.

Die in der Direkt-Adresse %4:00002 nach der Programmausführung übernommene Summe ist: a) 12888; b) 17777

1_zahl ▷— ADD_INT —▷ %4:00002
2_zahl ▷—

Lösung zu **5.2.3 Freigabe eines Bausteins**

Der Eingang EN und Ausgang ENO werden auf dem Bildschirm angezeigt, wenn man auf dem FFB-Symbol doppelklickt (siehe Block ADD_INT unten).

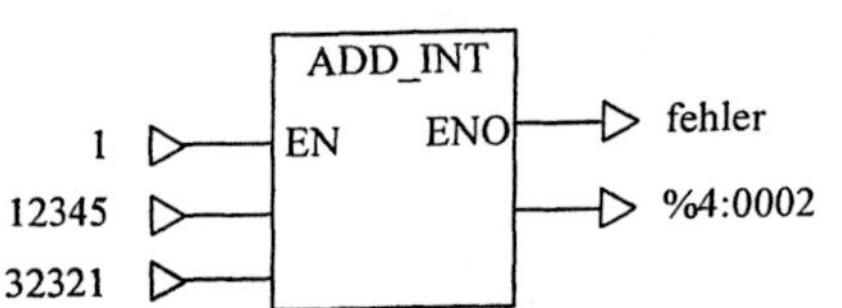

Der Eingang EN ermöglicht die Freigabe des Blocks. Bei EN = 0 wird FFB nicht ausgeführt. Wenn EN = 1 und kein Ausführungsfehler auftritt, wird FFB freigegeben und der Ausgang ENO = 1 gesetzt.

Wenn EN = 1 und ein Ausführungsfehler auftritt, wird ENO = 0 gesetzt.

Die Werte in der Direkt-Adresse %4:00002 und die Variable *fehler* sind:

a) Die Summe ist 20870 und *fehler* = 0 (ein Ausführungsfehler liegt vor).

b) Die Literale 66666 wird nicht übernommen (Bereichsüberschreitung).

Lösung zu **5.2.4 Ausführungsfehler**

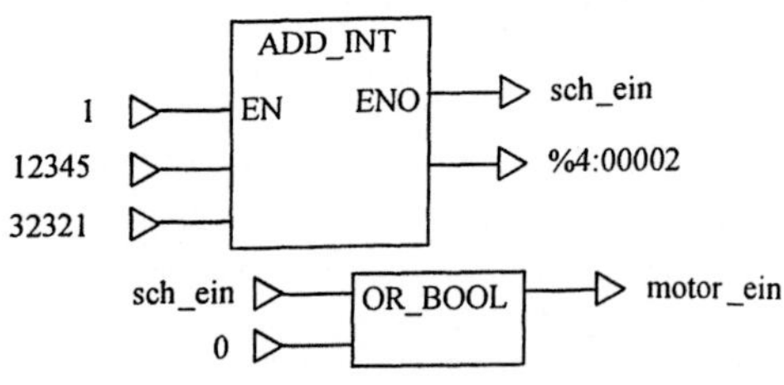

Die Verknüpfung von Lösungen 5.2.1 und 5.2.3 ist links im Bild skizziert und besteht aus zwei Blöcken. Die Verbindung zwischen den Blöcken erfolgt durch die Variable *sch_ein*.

Lösung zu **5.2.5 Arithmetische Funktionen**

Die komplette Lösung in Form eines Schaltplans ist im Bild L.36 dargestellt.

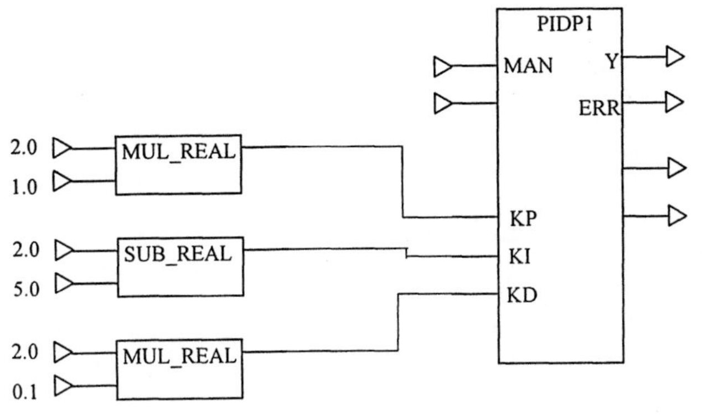

Bild L.36 Die Einstellung der Reglerkennwerte

a) Die Umrechnung von Kennwerten erfolgt mit den Blöcken MUL_REAL und SUB_REAL.

b) Als Regler ist der Block PIDP1 aus der Bibliothek CLClite ausgewählt.

Nach der Animation:

$$K_I = \frac{K_{PR}}{T_n} = 0{,}4\,\text{sec}^{-1}$$

$K_D = K_{PR} \cdot T_v = 0{,}2\text{sec}$

Lösung zu **5.2.6 Bausteinbibliothek EXTENDED**

Die Lösung erfolgt mit dem Block AVE_REAL.

AVE_REAL
100.5 K_X1
1.0 K_X2
100.6 K_X3
3.0 K_X4
100.7 K_X5
5.0 K_X6
100.8 K_X7
7.0 K_X8
%4:00051

Hinweise:

a) Um den Block zu vergrößern, verschiebe man die untere Blockgrenze nach unten.

b) Die Anzahl der Eingänge ist geradzahlig! (hier: 8 Eingänge)

c) Die Eingänge sind paarweise angeordnet: x_1; k_1; x_2; k_2; x_3; k_3; x_4; k_4.

Nach der Animation erscheint die Antwort (Adresse %4:00051): Mittelwert = 4,002484.

Lösung zu **5.2.7 FFB-Selection der Bibliothek EXTENDED**

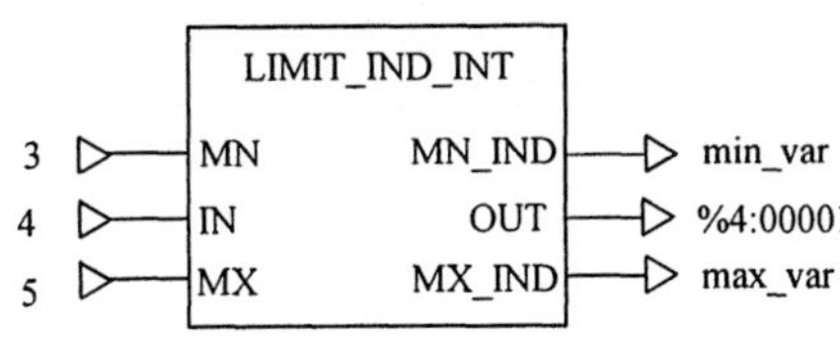

Der Block LIMIT_IND_INT bildet eine Begrenzung mit dem Indikator. Liegt der Eingangswert außerhalb des vorgegebenen Bereiches, sind die Variablen *min_var* = *max_var* = 0.

Lösung zu **5.2.8 Programmierung von Grundfunktionen**

Die Lösung ist im Bild L.37 skizziert.

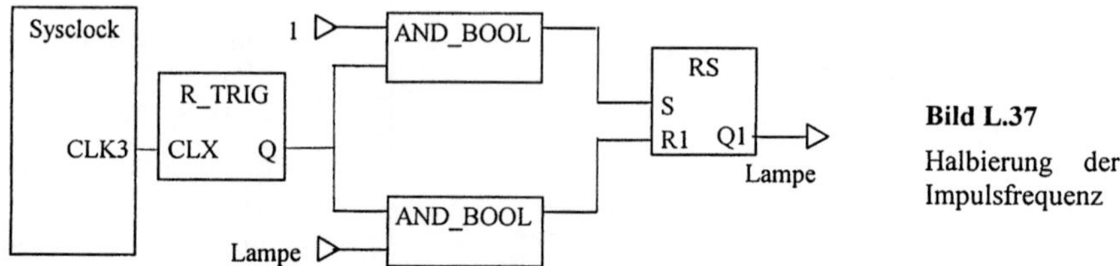

Bild L.37
Halbierung der Impulsfrequenz

Den Funktionsbaustein R_TRIG zur Erkennung einer steigenden Flanke und das bitstabile Flip-Flop-Element mit vorrangigem Rücksetzen RS findet man in der FFB-Gruppe „Edge Detector".

Den Taktgenerator SYSCLOCK enthält die Bibliothek *System.*

Hinweis:

Um die Fehlermeldung „Schleife!" zu vermeiden, soll man statt Direkt-Adressen die Variablen benutzen.

Arbeitet man doch mit Direkt-Adressen, dann sollte man erst ohne Schleife programmieren, dann den Befehl „Laden" benutzen, anschließend die Direkt-Adresse ändern (die gewünschte Schleife bilden) und durch den Befehl „Änderungen laden" an die SPS übergeben.

Lösung zu **5.2.9 Bausteinbibliothek TIMER**

Der Block TP (Bild L.38) stellt einen Impulsgeber dar. Am Ausgang Q (Datentyp BOOL) entstehen konstantlange Impulse.

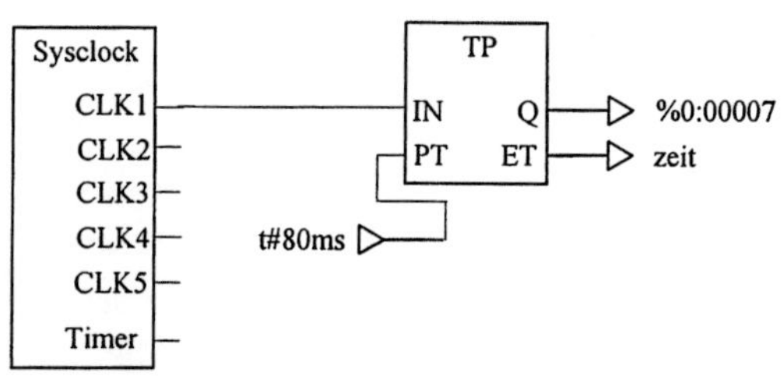

Bild L.38 Impulsgeber

Die Zeitdauer der Impulse wird am Eingang PT (Datentyp TIME) vorgegeben. Am Ausgang ET kann die abgelaufene Zeit (Datentyp TIME) abgelesen werden.

Der Eingang IN (Datentyp BOOL) erkennt die steigenden Flanken des Taktgebers.

Lösung zu **5.2.10 Editor des Bausteins DFB (Derived Function Block)**

Das DFB zur Lösung 5.2.9 wird nach folgenden Schritten programmiert:

⇒ Lösung 5.2.9 unter dem Namen *aufg2_10.prj* speichern.

⇒ Blöcke des Projekts *aufg2_10.prj* markieren (selektieren).

⇒ Blöcke mit dem Menü-Befehl „Bearbeiten“ kopieren.

⇒ Projekt *aufg2_10.prj* schließen und ConCept beenden.

⇒ „ConCept DFB“-Editor aufrufen, neues DFB und neue Sektion öffnen.

⇒ Gespeicherte Blöcke mit dem Menü-Befehl „Bearbeiten“ einfügen.

⇒ DFB-Ein-/Ausgangsvariablen definieren.

⇒ DFB im Unterverzeichnis „testprj“ speichern und die Datei schließen.

⇒ Editor „ConCept DFB“ schließen.

Für einen Aufruf des vorhandenen DFB sind die folgenden Schritte nötig:

⇒ „ConCept“ aufrufen, neues Projekt und neue Sektion öffnen.

⇒ Projekt mit Namen versehen.

⇒ DFB-Bibliothek mit dem Menü-Befehl OBJEKTE aufrufen.

⇒ DFB-Block laden.

⇒ DFB-Symbol doppelklicken, mit “Verfeinern“ Inhalt anzeigen lassen.

Lösungen zum Abschnitt 5.3: SPS als Regler

Lösung zu **5.3.1 Reglerstruktur und Betriebsarten**

a) Durch Anti-Windup-Reset wird der I-Anteil (falls vorhanden) begrenzt, wenn eine Stellgrößenbegrenzung Q_{max} oder Q_{min} findet statt.

Die Grenzen für Anti-Windup stimmen mit der Stellgrößenbegrenzung überein, d.h.

⇒ $Q_{max} = 1$, wenn $Y \geq Y_{max}$ und $Q_{min} = 1$, wenn $Y \leq Y_{min}$

b) Die Anti-Windup-Maßnahme korrigiert den I-Anteil in der Form:

⇒ $(Y_{min} - Y_P - BIAS) \leq Y_i \leq (Y_{max} - Y_P - BIAS)$

c) Der D-Anteil wird für die Anti-Windup-Maßnahme nicht berücksichtigt.

d) Ein entgegengesetztes Verhalten des Reglers kann durch Setzen des Eingangs REVERS auf 1 erreicht werden, d.h.

⇒ REVERS=0 bewirkt, daß der Ausgangswert bei einer positiven Störgröße steigt

⇒ REVERS=1 bewirkt, daß der Ausgangswert bei einer positiven Störgröße fällt

Lösung zu **5.3.2 Übertragungsfunktionen**

a) Die P-, I- und D- Anteile eines mit SPS realisierten Reglers sind parallel verbunden.

b) PIDP1-Übertragungsfunktion: $G_R(s) = KP + \frac{KI}{s} + \frac{s \cdot KD}{s + \frac{1}{TD\_LAG}}$

PID1- Übertragungsfunktion: $G_R(s) = GAIN \cdot \left(1 + \frac{1}{s \cdot TI} + \frac{s \cdot TD}{1 + s \cdot TD\_LAG}\right)$

Lösung zu **5.3.3 Analogwertverarbeitung**

Die Eingangsvariable ist die Spannung U. Die Ausgangsvariable ergibt sich aus dem Ohmschen Gesetz: $I = \frac{U}{R} = \frac{7V}{20\Omega} = 0{,}35A$. Da die SPS analoge Werte mit REAL-Variablen bearbeitet, werden die am Eingang %3:00001 abgelesenen INTEGER-Meßwerte mit dem Block INT_TO_REAL der FFB-Gruppe „Typumwandlung" konvertiert (Bild L.39). Der dezimale Rohwert für die Eingangsspannung von 1V ist 3200.0.

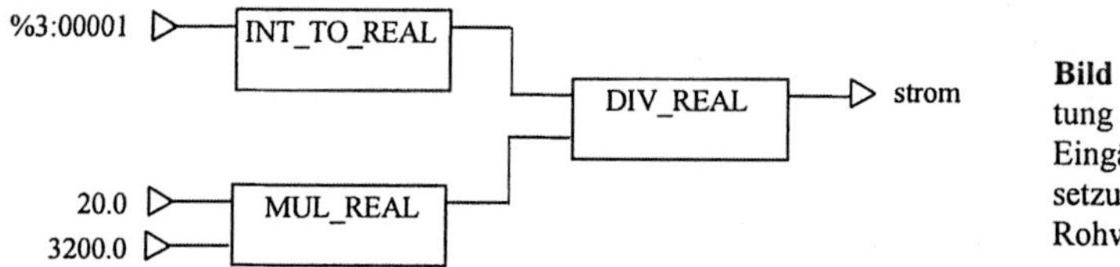

Bild L.39 Bearbeitung von analogen Eingängen und Umsetzung in REAL-Rohwerte

Lösung zu **5.3.4 Übersetzungswerte**

Nach dem Ohmschen Gesetz ist die Ausgangsspannung U = R·I = 0,0025A·2000Ω = 5V (Bild L.40). Die REAL-Werte sind am Ausgang %4:00002 der SPS in INTEGER-Werte umgesetzt (der animierte Dezimal-Rohwert an diesem Eingang beträgt 16000.0).

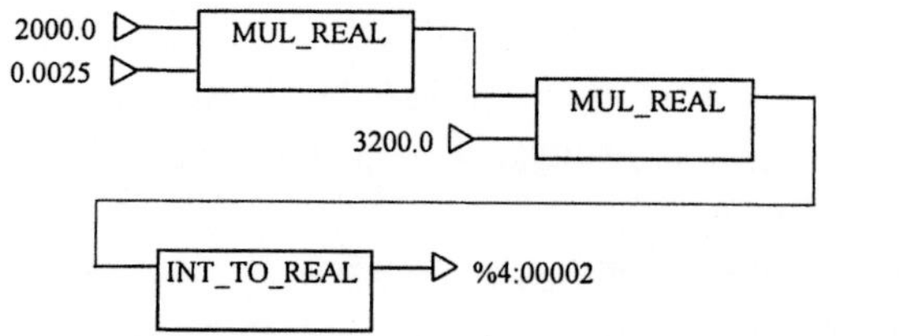

Bild L.40 Bearbeitung von REAL-Werten und Umsetzung in die analogen Ausgänge

Lösung zu **5.3.5 Messungen mit SPS**

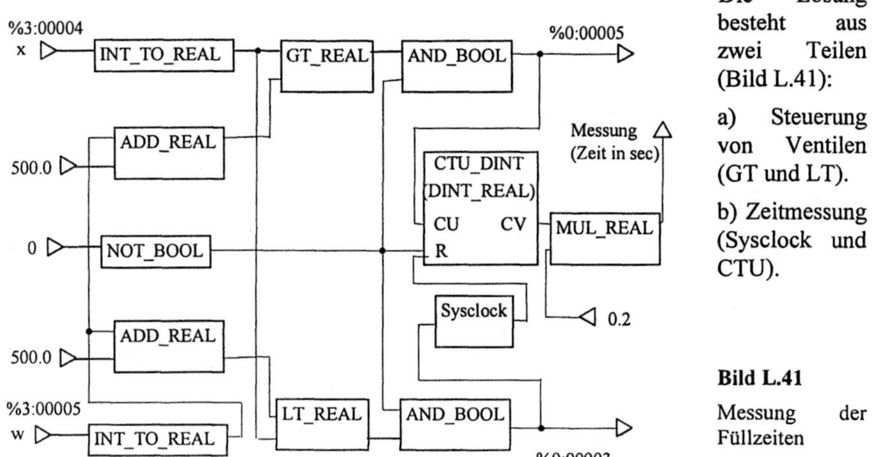

Die Lösung besteht aus zwei Teilen (Bild L.41):

a) Steuerung von Ventilen (GT und LT).

b) Zeitmessung (Sysclock und CTU).

Bild L.41

Messung der Füllzeiten

Lösung zu **5.3.6 PID-Regler**

Der Funktionsblock PIDP1 befindet sich in der Bibliothek CLC (Bild L.42).

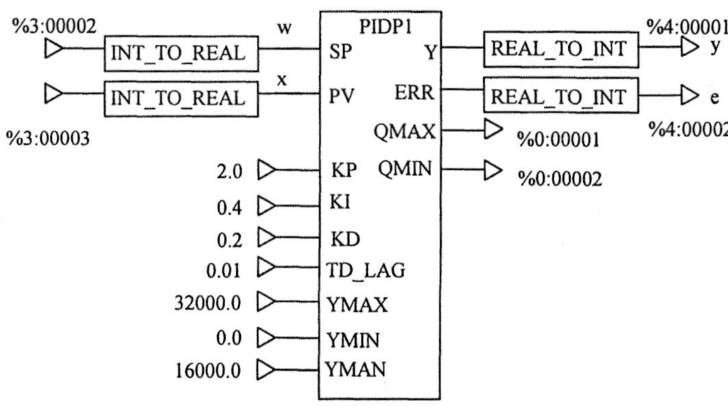

Bild L.42 Programm zur Einstellung eines PIDP1-Reglers

Lösung zu **5.3.7 Adaptiver Regler**

Die Lösung mit den logischen Vergleichen ist im Bild L.43 dargestellt. Der Block PIDP1 ist nur schematisch skizziert.

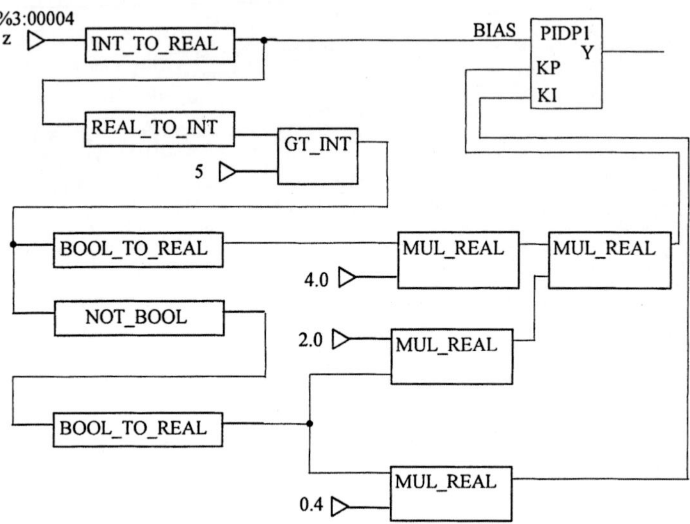

Bild L.43 Adaptiver Regler mit SPS

Lösungen zum Kapitel 6: Intelligente Regelung

Lösungen zum Abschnitt 6.1: Fuzzy-Regelung

Lösung zu **6.1.1 Linguistische Variable**

a) Die linguistische Variable ist die Stellgröße y.

b) Die Vergleichsoperatoren sind die logischen Vergleiche $<, =, >$.

c) Die Regelgröße $x(t)$ stellt einen linguistischen Term dar.

Die Regelstrecke ist offensichtlich ein nichtlineares Glied.

Lösung zu **6.1.2 Scharfe Mengen**

a) Die Regelgröße des Regelkreises mit dem P-Regler im Beharrungszustand ist

$$x(\infty) = \frac{K_{PR} \cdot K_{PS}}{1 + K_{PR} \cdot K_{PS}} \cdot \hat{w} = \frac{2{,}5 \cdot 0{,}4}{1 + 2{,}5 \cdot 0{,}4} \cdot 24\text{V} = 12\text{V}$$

Die Regelgröße befindet sich unterhalb der Sollmarke w = 24V, d.h. $x(\infty) < w$ und $e(\infty) = w - x(t) > 0$. Damit ist die 1.Aussage „ Die Regeldifferenz $e(\infty)$ gehört zur Menge P (Positiv)“ wahr und $m_P(e) = 1$ (ZGF 1).

b) Für die bleibende Regeldifferenz des Regelkreises mit dem PI-Regler gilt: $e(\infty) = 0$. Damit sind die Aussagen 1 und 3 falsch, d.h. $m_P(e) = m_N(e) = 0$. Die 2.Aussage „ Die Regeldifferenz $e(\infty)$ gehört zur Menge NU (Null)“ ist wahr und $m_{NU}(e) = 1$ (ZGF 3).

c) Der 2.Bedingung entspricht die Zugehörigkeitsfunktion ZGF3.

Lösung zu **6.1.3 Logische Operationen mit scharfen Mengen**

Die Lösungen sind im Bild L.44 dargestellt:

a) Schnittmenge (logische Operation UND): $m_{1u2}(m_1, m_2) = \text{MIN}\ \{ m_1(e), m_2(e) \}$

b) Vereinigungsmenge (Operation ODER): $m_{1o2}(m_1, m_2) = \text{MAX}\{ m_1(e), m_2(e) \}$

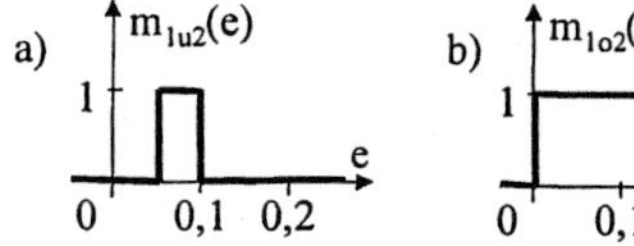

Bild L.44 Logische Operationen mit scharfen Mengen

a) UND-Operator

b) ODER-Operator

Lösung zu **6.1.4 Unscharfe Mengen**

Die Zugehörigkeitsfunktionen $m_i(e)$ mit ihren jeweiligen Steigungen sind im Bild L.45 skizziert.

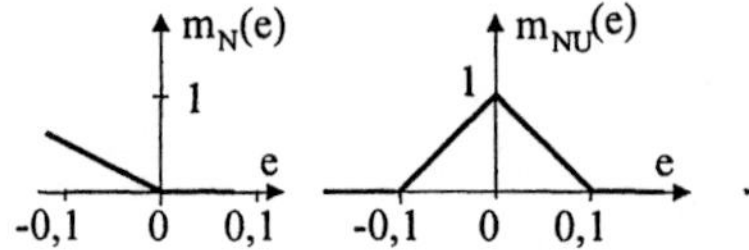

Bild L.45
Zugehörigkeitsfunktionen P (Positiv), NU(Null), N (Negativ)

Lösung zu **6.1.5 Zugehörigkeitsfunktionen**

Die Zugehörigkeitsfunktion $m_P(e)$ mit dem Mittelpunkt $e = 0{,}15$ besteht aus 4 Geraden:

- für $e < 0$ ist $m_P(e) = 0$
- für $0 < e < 0{,}15$ ist $m_P(e) = +6{,}67 \cdot e$
- für $0{,}15 < e < 0{,}3$ ist $m_P(e) = -6{,}67 \cdot e + 2$
- für $e > 0{,}3$ ist $m_P(e) = 0$

Lösung zu **6.1.6 Scharfe und unscharfe Mengen**

Ein Regelkreisglied mit der Singleton-Kennlinie weist noch nicht auf eine Fuzzy-Regelung hin. Damit kann z.B. eine Abtastregelung stattfinden.

Lösung zu **6.1.7 Verknüpfung von unscharfen Mengen**

Ein Element $m_{GuM}(e)$ gehört zur Schnittmenge zweier Mengen $m_G(e)$ und $m_M(e)$, wenn es ein Element der einen *und* der anderen Menge ist:

- Schnittmenge (UND) $\Rightarrow m_{GuM}(m_G, m_M) = \text{MIN}\{ m_G(e), m_M(e) \}$

Ein Element $m_{GoM}(e)$ gehört zur Vereinigungsmenge zweier Mengen $m_G(e)$ und $m_M(e)$, wenn es ein Element der einen *oder* der anderen Menge ist:

- Vereinigungsmenge (ODER) $\Rightarrow m_{GoM}(m_G, m_M) = \text{MAX}\{ m_G(e), m_G(e) \}$
- Komplement (NICHT) einer unscharfer Menge $m_G(e) \Rightarrow m_{notG}(e) = 1 - m_G(e)$

Daraus entstehen folgende vier unscharfe Mengen:

$$\Rightarrow m_{GuM}(e) = \{\text{MIN}(0{,}3;\, 0{,}2);\, \text{MIN}(0{,}7;\, 0{,}3);\, \text{MIN}(-0{,}3;\, -0{,}2);\, \text{MIN}(-0{,}7;\, -0{,}3)\}$$
$$= (\,0{,}2 \quad 0{,}3 \quad -0{,}3 \quad -0{,}7\,)$$

$$\Rightarrow m_{GoM}(e) = \{\text{MAX}(0{,}3;\, 0{,}2);\, \text{MAX}(0{,}7;\, 0{,}3);\, \text{MAX}(-0{,}3;\, -0{,}2);\, \text{MAX}(-0{,}7;\, -0{,}3)\}$$
$$= (\,0{,}3 \quad 0{,}7 \quad -0{,}2 \quad -0{,}3\,)$$

$$\Rightarrow m_{notG}(e) = \{(1-0{,}3);\, (1-0{,}7);\, (1+0{,}3);\, (1+0{,}7)\} = (\,0{,}7 \quad 0{,}3 \quad 1{,}3 \quad 1{,}7\,)$$

$$\Rightarrow m_{notM}(e) = \{(1-0{,}2);\, (1-0{,}3);\, (1+0{,}2);\, (1+0{,}3)\} = (\,0{,}8 \quad 0{,}7 \quad 1{,}2 \quad 1{,}3\,)$$

Lösung zu **6.1.8 Logische Operationen mit unscharfen Mengen**

Durch logische Verknüpfungen entstehen neue Fuzzy-Mengen:

c) Schnittmenge (logische Operation UND) $m_c(e) = m_{1u2}(e) = \text{MIN}\ \{ m_1(e), m_2(e) \}$

d) Vereinigungsmenge (logisches ODER) $m_d(e) = m_{1o2}(e) = \text{MAX}\{ m_1(e), m_2(e) \}$

Lösung zu **6.1.9 Regelbasis**

Die Regelbasis ist die Gesamtheit aller Regeln eines Fuzzy-Reglers. Jede Regel besteht aus einem „Wenn"-Teil (Bedingung) und einem „Dann"-Teil (Schlußfolgerung).

- Regel 1: Wenn $T_{ist} < T_{soll}$ (Regeldifferenz positiv), dann Wärmezufuhr steigern
- Regel 2: Wenn $T_{ist} > T_{soll}$ (Regeldifferenz negativ), dann Wärme drosseln
- Regel 3: Wenn $T_{ist} = T_{soll}$ (Regeldifferenz ist Null), dann Wärme konstant halten

Lösung zu **6.1.10 Inferenz**

Die Erfüllungsgrad G jeder aktiven Regel wird durch logische Operationen (hier UND – Operation) bestimmt. Der Erfüllungsgrad ist damit der kleinste von den Zugehörigkeitsgraden der linguistischen Terme (Minimum-Operator der UND-Verknüpfung), d.h.

$$G_1 = \text{MIN}\{ m_N(e),\quad m_P(\dot{e}) \} = \text{MIN}\ \{0{,}25;\quad 0{,}5\} = 0{,}25$$

$$G_2 = \text{MIN}\{ m_{NU}(e),\quad m_P(\dot{e}) \} = \text{MIN}\ \{0{,}75;\quad 0{,}5\} = 0{,}5$$

Lösung zu **6.1.11 Defuzzifizierung**

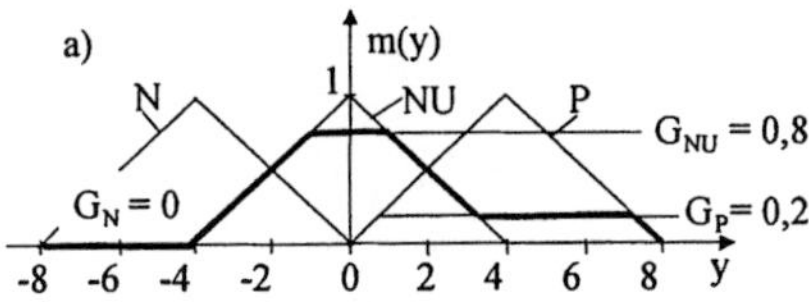

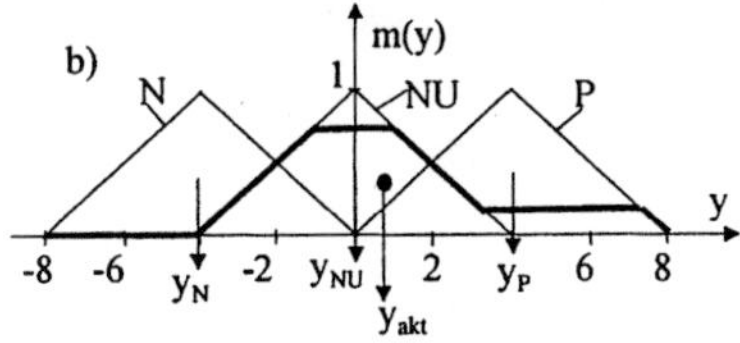

Bild L.46 Defuzzifizierung

a) Die resultierende Stellgrößen-Fuzzy-Menge ist eine ODER-Verknüpfung: $m_y = \text{MAX}\{m_P(y), m_{NU}(y), m_N(y)\}$. Die resultierende Menge m_y ist also im Bild L.46a als die Einhüllende der Zugehörigkeitsfunktionen $m_P(y)$, $m_{NU}(y)$ und $m_N(y)$ dargestellt.

b) Nach der Schwerpunktmethode wird die defuzzifizierte Stellgröße y_{akt} als Abszisse des Schwerpunktes der Fläche unter der resultierenden Zugehörigkeitsfunktion m_y berechnet (Bild L.46b):

$$y_{akt} = \frac{G_P \cdot y_P + G_{NU} \cdot y_{NU} + G_N \cdot y_N}{G_P + G_{NU} + G_N}$$

$$= \frac{0{,}2 \cdot 4 + 0{,}8 \cdot 0 + 0 \cdot (-4)}{0{,}2 + 0{,}8 + 0} = 0{,}8$$

Lösung zu **6.1.12 Fuzzy-Logik mit RT-Neuronen**

a) Wie man dem Bild zu Aufgabe 6.1.12a entnehmen kann, sind die Einstellparameter des RT-Neurons für die Zugehörigkeitsfunktion „Null“ (NU):

- Steigung der Kennlinie $K_{sNU} = 10$
- Schwellenwert (max.Wert des Zugehörigkeitsgrades) $\theta_{NU} = 1$
- Mittelpunkt der Zugehörigkeitsfunktion $e_{mNU} = 0$

b) Die RT-Neuronen bleiben unverändert für alle im Bild zu Aufgabe 6.1.12c gegebenen Zugehörigkeitsfunktionen: $K_{si} = 10$ und $\theta_i = 1$.

Die Werte e_{mi} können als Koordinaten des Mittelpunktes den Zugehörigkeitsfunktionen entnommen werden:

$e_{mNG} = -0{,}3$; $e_{mNM} = -0{,}2$; $e_{mNK} = -0{,}1$; $e_{mNU} = 0$; $e_{mPK} = 0{,}1$; $e_{mPM} = 0{,}2$; $e_{mPG} = 0{,}3$.

Lösung zu **6.1.13 Entwurf eines Fuzzy-Reglers mit RT-Neuronen**

a) Die folgenden Einstellparameter sind für alle RT-Neuronen gleich:

- Steigung der Kennlinie $K_{s(i)} = 5$
- Schwellenwert (max.Wert des Zugehörigkeitsgrades) $\theta_i = 1$
- Maximale Stellgröße des RT-Neurons $y_{max(i)} = 1$

Die Mittelpunkte der Dreieck-Zugehörigkeitsfunktionen sind:

$e_{mNG} = -0{,}4 \qquad e_{mNK} = -0{,}2 \qquad e_{mNU} = 0 \qquad e_{mPK} = 0{,}2 \qquad e_{mPG} = 0{,}4$

b) Aus den Übertragungsfunktionen des aufgeschnittenen und geschlossenen Kreises

$$G_0(s) = \frac{K_{PR} \cdot K_{PS} \cdot K_{IS}}{s(1+sT_1)(1+sT_2)} \qquad G_w(s) = \frac{K_{PR} \cdot K_{PS} \cdot K_{IS}}{s(1+sT_1)(1+sT_2) + K_{PR} \cdot K_{PS} \cdot K_{IS}}$$

gewinnt man nach dem Hurwitz-Kriterium den kritischen Wert von K_{PR}:

$$T_1 \cdot T_2 \cdot s^3 + (T_1 + T_2) \cdot s^2 + s + K_{PR} \cdot K_{PS} \cdot K_{IS} = 0$$

$$K_{PRkrit} = \frac{T_1 + T_2}{T_1 \cdot T_2 \cdot K_{PS} \cdot K_{IS}} = \frac{0{,}1\,\text{sec} + 0{,}5\,\text{sec}}{0{,}1\,\text{sec} \cdot 0{,}5\,\text{sec} \cdot 1{,}5 \cdot 0{,}02\,\text{sec}^{-1}} = 400$$

Diesen Wert kann man beliebig zwischen den einzelnen Neuronen verteilen:

$K_{PRkrit} = 0{,}5 \cdot (K_{P(i)} + K_{P(j)})$, z.B. $K_{P(NU)\,krit} = K_{P(PK)\,krit} = \ldots = K_{P(NG)} = 200$.

c) Um die optimalen Proportionalbeiwerte $K_{P(i)}$ bestimmen zu können, berechnet man zunächst den Wert von K_{PR} nach dem Betragsoptimum. Die Übertragungsfunktion G_0 unter Beachtung der Ersatzzeitkonstante $T_E = T_1 + T_2 = 0{,}1\text{sec} + 0{,}5\text{sec} = 0{,}6$ sec gehört zum Grundtyp „A“

$$G_0(s) = \frac{K_{PR} \cdot K_{PS} \cdot K_{IS}}{s \cdot (1+sT_E)}$$ und führt damit zu

$$K_{PR} = \frac{1}{2 \cdot K_{PS} \cdot K_{IS} \cdot T_E} = \frac{1}{2 \cdot 1{,}5 \cdot 0{,}02\,\text{sec}^{-1} \cdot 0{,}6\,\text{sec}} = 27{,}8$$

Die weiteren Kennwerte sind so einzustellen, daß die gewünschte Kennlinie des Reglers erreicht wird: $K_{PR} = 0{,}5 \cdot (K_{P(NU)} + K_{P(NK)}) = 0{,}5 \cdot (K_{P(NK)} + K_{P(NG)}) = 0{,}5 \cdot (K_{P(NU)} + K_{P(PK)}) = 0{,}5 \cdot (K_{P(PK)} + K_{P(PG)})$, z .B. $K_{P(NU)} = K_{P(PK)} = K_{P(NK)} = K_{P(PG)} = K_{P(NG)} = 13{,}9$.

d) Ändert sich die Zeitkonstante T_2 der Regelstrecke, so werden die Ersatzzeitkonstante T_E und der Proportionalbeiwert K_{PR} geändert:

$$T_E = T_1 + T_2 = 0{,}1\,\text{sec} + 2{,}0\,\text{sec} = 2{,}1\ \text{sec}$$

$$K_{PR} = \frac{1}{2 \cdot K_{PS} \cdot K_{IS} \cdot T_E} = \frac{1}{2 \cdot 1{,}5 \cdot 0{,}02\,\text{sec}^{-1} \cdot 2{,}1\,\text{sec}} = 7{,}9$$

Die Verteilung von K_{PR} kann ähnlich vorgenommen werden, z.B.

$K_{P(NU)} = K_{P(PK)} = K_{P(NK)} = K_{P(PG)} = K_{P(NG)} = 4$

Die Simulationsergebnisse für die Reglereinstellung nach den Punkten b), c) und d) sind im Bild L.47 zusammengefaßt.

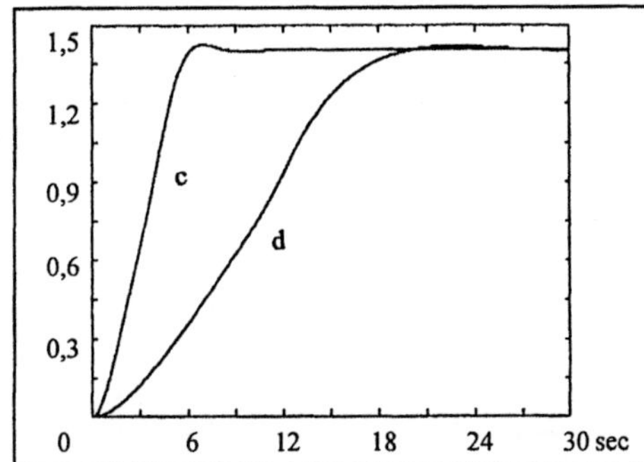

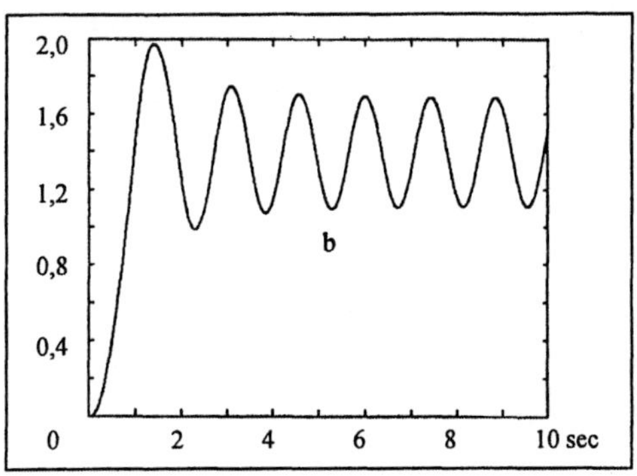

Bild L.47 Sprungantworten des Regelkreises mit dem Fuzzy-Regler zu den Punkten b), c) und d) der Lösung (Kurven mit entsprechenden Bezeichnungen).

Der Eingangssprung der Führungsgröße ist $w = 1$.

Lösungen zum Abschnitt 6.2: Neuronale Regelung

Lösung zu **6.2.1 Hebb'sche Lernregel**

Nach [33, S.26-37] berechnet man zuerst die Gewichtsmatrizen W_1, W_2 mit Elementen $w_{ij} = x_i \cdot y_j$ für jeden Zustand und danach die resultierende Matrix $W_{1,2} = W_1 + W_2$.

$$W_1 = \begin{pmatrix} 1 & 1 & -1 & -1 \\ -1 & -1 & 1 & 1 \\ 1 & 1 & -1 & -1 \\ -1 & -1 & 1 & 1 \\ 1 & 1 & -1 & -1 \\ -1 & -1 & 1 & 1 \end{pmatrix}; \quad W_2 = \begin{pmatrix} 1 & -1 & 1 & -1 \\ 1 & -1 & 1 & -1 \\ 1 & -1 & 1 & -1 \\ -1 & 1 & -1 & 1 \\ -1 & 1 & -1 & 1 \\ -1 & 1 & -1 & 1 \end{pmatrix}; \quad W_{1,2} = \begin{pmatrix} 2 & 0 & 0 & -2 \\ 0 & -2 & 2 & 0 \\ 2 & 0 & 0 & -2 \\ -2 & 0 & 0 & 2 \\ 0 & 2 & -2 & 0 \\ -2 & 0 & 0 & 2 \end{pmatrix}$$

1.Iteration: Die Neuronen der X-Schicht sind vorgegeben: (+1 +1 +1 −1 −1 +1). Die Aktivierungswerte der Y-Schicht und die Werte der Y-Neuronen werden berechnet:

$$\alpha_1 = 2\cdot 1 + 0\cdot 1 + 2\cdot 1 + (-2)\cdot(-1) + 0\cdot(-1) + (-2)\cdot 1 = 4 \qquad y_1 = +1$$
$$\alpha_2 = 0\cdot 1 + (-2)\cdot 1 + 0\cdot 1 + 0\cdot(-1) + 2\cdot(-1) + 0\cdot 1 = -4 \qquad y_2 = -1$$
$$\alpha_3 = 0\cdot 1 + 2\cdot 1 + 0\cdot 1 + 0\cdot(-1) + (-2)\cdot(-1) + 0\cdot 1 = 4 \qquad y_3 = +1$$
$$\alpha_4 = (-2)\cdot 1 + 0\cdot 1 + (-2)\cdot 1 + 2\cdot(-1) + 0\cdot(-1) + 2\cdot 1 = -4 \qquad y_4 = -1$$

2. Iteration: Diese Werte Y = (+1 −1 +1 −1) sind der Y-Schicht übergeben:

Y= | +1 | −1 | +1 | −1 |

⇓ ⇓ ⇓ ⇓

$W_{1,2}$=						α		X
	+2	0	0	−2		+4	⇒	+1
	0	−2	+2	0		+4	⇒	+1
	+2	0	0	−2	⇒	+4	⇒	+1
	−2	0	0	+2		−4	⇒	−1
	0	+2	−2	0		−4	⇒	−1
	−2	0	0	+2		−4	⇒	−1

Mit diesen beiden Iterationen ist Konvergenz zum erwarteten Zustand X_2, Y_2 erreicht.

Lösung zu **6.2.2 Delta-Lernregel**

Lösung 6.2a: Die Vorwärtssignalübertragung des Netzes erfolgt nach folgenden Schritten:

⇒ *Schritt 1.* Gewichte beliebig einstellen, z.B. $W_1 = 1$ und $W_2 = 1$

⇒ *Schritt 2.* Eingänge und Soll-Ausgang eingeben, z.B. $x_1 = 0$; $x_2 = 0$ und $d = 0$

⇒ *Schritt 3.* Aktivierungswerte der verdeckten Neuronen berechnen:

$$\alpha_{v1} = 1\cdot x_1 + 1\cdot x_2 - \theta_{v1} = 1\cdot 0 + 1\cdot 0 - (-2) = 2$$

$$\alpha_{v2} = 1\cdot x_1 + 1\cdot x_2 - \theta_{v2} = 1\cdot 0 + 1\cdot 0 - (-2) = 2$$

⇒ *Schritt 4.* Ausgänge der verdeckten Neuronen nach der *S1*-Kennlinie bestimmen:

$$v_1 = \frac{1}{1+e^{-\alpha_{v1}}} = \frac{1}{1+e^{-2}} = \frac{1}{1+0{,}14} = 0{,}88; \quad v_2 = \frac{1}{1+e^{-\alpha_{v2}}} = \frac{1}{1+e^{-2}} = 0{,}88$$

⇒ *Schritt 5.* Aktivierungswert des Ausgangsneurons berechnen:

$$\alpha = W_1\cdot v_1 + W_2\cdot v_2 - \theta = 1\cdot 0{,}88 + 1\cdot 0{,}88 - (-5) = 1{,}76 + 5 = 6{,}76$$

⇒ *Schritt 6.* Ausgang des Netzes nach der Kennlinie vom Typ *S1* bestimmen:

$$y = \frac{1}{1+e^{-\alpha}} = \frac{1}{1+e^{-6{,}76}} = \frac{1}{1+0{,}001} = 0{,}999 \approx 1$$

⇒ *Schritt 7.* Fehler berechnen: $E = d - y = 0 - 1 = -1$

Die Funktionsweise des Netzes für alle Eingänge ist in der Tabelle L.1 dargestellt.

Tabelle L.1 Ausgänge und Fehler des Netzes mit Gewichten $W_1 = 1$ und $W_2 = 1$

Eingang		verdeckte Neuronen				Ausgang			Fehler
x_1	x_2	α_{v1}	α_{v2}	v_1	v_2	α	Ist-Wert y	Soll-Wert d	$E = d - y$
0	0	3	3	0,95	0,95	6,79	1	0	−1
0,5	0,5	4	4	0,98	0,98	6,96	1	0	−1
0	−1	2	2	0,88	0,88	6,76	1	1	0
−1	0	2	2	0,88	0,88	6,76	1	1	0

Die graphische Darstellung der Gesamtfehlerfunktion $E = \sum_{i=1}^{4}(d_i - y_i)^2$ für alle vier Eingänge $E = (0-y_1)^2 + (1-y_2)^2 + (1-y_3)^2 + (0-y_4)^2$ und die Ergebnisse der Minimierung sind im Bild L.48 gezeigt.

Das Koordinatenabstiegsverfahren beginnt im Punkt A. Das Gewicht $W_1 = -2$ wird solange konstant gehalten, bis das Gewicht W_2 ein Minimum ($W_2 = -3{,}5$) findet.

Danach sollten die Rollen der beiden Gewichten getauscht werden. Das Gewicht W_2 wird auf der zuerst gefundenen Minimumstelle konstant gehalten, dann sucht sich das Gewicht W_1 ein neues Minimum. Im Bild L.48 wird das Suchverfahren gleich im Punkt M mit dem Fehler $E = 0{,}78$ beendet.

Das Gradientenabstiegsverfahren beginnt im Punkt B und verläuft senkrecht zu den Linien der gleichen *E*-Ebenen.

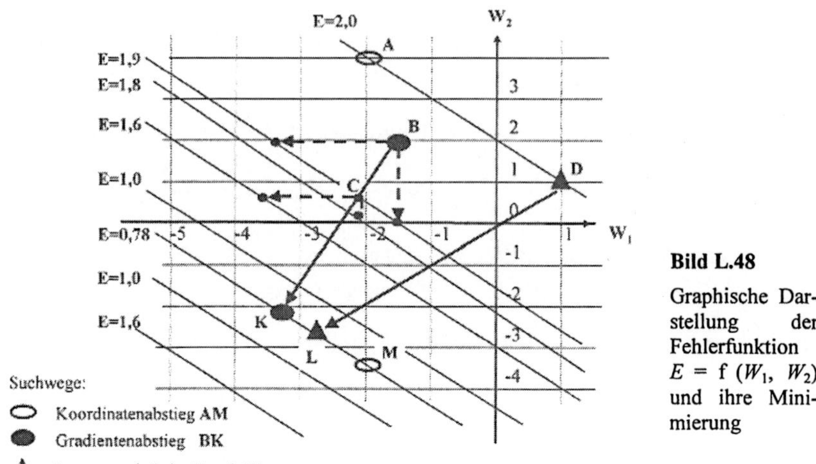

Bild L.48

Graphische Darstellung der Fehlerfunktion $E = \mathrm{f}\ (W_1,\ W_2)$ und ihre Minimierung

Die partiellen Ableitungen und die Suchrichtung werden graphisch bestimmt:

für den Punkt B:

$$\left.\begin{cases} \dfrac{\partial E}{\partial W_1} \approx \dfrac{\Delta E}{\Delta W_1} = \dfrac{2-1{,}9}{(-1{,}5)-(-3{,}4)} = \dfrac{0{,}1}{1{,}9} = 0{,}05 \\ \dfrac{\partial E}{\partial W_2} \approx \dfrac{\Delta E}{\Delta W_2} = \dfrac{2-1{,}9}{2-0} = \dfrac{0{,}1}{2} = 0{,}05 \end{cases}\right\} \tan\varphi = \dfrac{\dfrac{\partial E}{\partial W_2}}{\dfrac{\partial E}{\partial W_1}} = \dfrac{0{,}05}{0{,}05} = 1 \Rightarrow \varphi = 45°$$

für den Punkt C:

$$\left.\begin{cases} \dfrac{\partial E}{\partial W_1} \approx \dfrac{\Delta E}{\Delta W_1} = \dfrac{1{,}9-1{,}6}{(-2{,}05)-(-3{,}85)} = \dfrac{0{,}3}{1{,}8} = 0{,}17 \\ \dfrac{\partial E}{\partial W_2} \approx \dfrac{\Delta E}{\Delta W_2} = \dfrac{1{,}9-1{,}8}{0{,}7-0{,}1} = \dfrac{0{,}1}{0{,}6} = 0{,}17 \end{cases}\right\} \tan\varphi = \dfrac{\dfrac{\partial E}{\partial W_2}}{\dfrac{\partial E}{\partial W_1}} = 1 \qquad \Rightarrow \varphi = 45°$$

für den Punkt K:

$$\left.\begin{cases} \dfrac{\partial E}{\partial W_1} \approx \dfrac{0{,}78-1}{(-3{,}2)-(-4{,}7)} = -0{,}15 \\ \dfrac{\partial E}{\partial W_2} \approx \dfrac{0{,}78-1}{(-2)-(-3{,}5)} = -0{,}15 \end{cases}\right\} \quad \Rightarrow \quad \tan\varphi = \dfrac{\dfrac{\partial E}{\partial W_2}}{\dfrac{\partial E}{\partial W_1}} = 1 \qquad \Rightarrow \varphi = 45°$$

Der Abstieg wird im Punkt K wegen der Vorzeichenumkehr der Ableitungen beendet.

Lösung 6.2b: Die Gewichtsänderung nach der Delta-Regel beginnt im Punkt D (Bild L.48). Falls der Fehler E gleich Null ist, wird keine Gewichtsänderung vorgenommen.

In Tabelle L.2 sind die Ergebnisse der durchgeführten Schritte zusammengestellt.

Tabelle L.2 Lernen nach Delta-Regel

Eingang		Ausgang		Fehler	Gewichtsänderung			
v_1	v_2	d	y	E	$W_{1(alt)}$	$W_{2(alt)}$	$W_{1(neu)}$	$W_{2(neu)}$
0,95	0,95	0	1	-1	1	1	$1+(-1)\cdot 0{,}95\cdot 0{,}9 = -0{,}15$	-0,15
0,88	0,88	1	1	0	-0,15	-0,15	keine Gewichtsänderung	
0,98	0,98	0	1	-1			$-0{,}15+(-1)\cdot 0{,}98\cdot 0{,}9 = -1{,}03$	-1,03
0,95	0,95	0	1	-1	-1,03	-1,03	$-1{,}03+(-1)\cdot 0{,}95\cdot 0{,}9 = -1{,}89$	-1,89
0,88	0,88	1	1	0	-1,89	-1,89	keine Gewichtsänderung	
0,98	0,98	0	1	-1			$-1{,}89+(-1)\cdot 0{,}98\cdot 0{,}9 = -2{,}77$	-2,77
0,95	0,95	0	0	0	-2,77	-2,77	keine Gewichtsänderung	
0,88	0,88	1	1	0	-2,77	-2,77	keine Gewichtsänderung	
0,98	0,98	0	0	0	-2,77	-2,77	keine Gewichtsänderung	

Lösung 6.2c: Die Ergebnisse der Gewichtsänderung in der Teilaufgaben a) und b) sowie der Vergleich der Suchverfahren sind in der Tabelle L.3 zusammengefaßt.

Tabelle L.3 Vergleich von Suchmethoden

Verfahren	Anfangswerte			Ergebnisse		Vorteile des Verfahrens
	Punkt	$W_{1(alt)}$	$W_{2(alt)}$	$W_{1(neu)}$	$W_{2(neu)}$	
Koordinatenabstieg	A	−2	+4	−2	−3,5	Methode ist einfach
Gradientenabstieg	B	−1,5	+2	−3,2	−2	Suchweg ist kurz
Delta-Regel	D	+1	+1	−2,77	−2,77	Einfach und schnell

Lösung zu **6.2.3 Identifikation mit Backpropagation**

Die Berechnung des Netzfehlers wird anhand eines Beispiels für die Eingangswerte $y_1 = 0$ und $y_2 = 1$ demonstriert [32, S.83].

⇒ Aktivierungswerte der verdeckten Neuronen:

$$\alpha_{v1} = (-4{,}8)\cdot y_1 + 4{,}6\cdot y_2 - \theta_{v1} = (-4{,}8)\cdot 0 + 4{,}6\cdot 1 - 2 = 2$$

$$\alpha_{v2} = 5{,}1\cdot y_1 + (-5{,}2)\cdot y_2 - \theta_{v2} = 5{,}1\cdot 0 + (-5{,}2)\cdot 1 - 3{,}2 = -8{,}4$$

⇒ Ausgänge der verdeckten Neuronen nach der *S1*-Kennlinie:

$$v_1 = \frac{1}{1+e^{-\alpha_{v1}}} = \frac{1}{1+e^{-2}} = \frac{1}{1+0{,}14} = 0{,}88; \quad v_2 = \frac{1}{1+e^{-\alpha_{v2}}} = \frac{1}{1+e^{8{,}4}} = \frac{1}{1+4447{,}1} \approx 0$$

⇒ Aktivierungswert des Ausgangsneurons:

$$\alpha \ = 5{,}9 \cdot 0{,}88 + 5{,}2 \cdot 0 - 2{,}7 = 2{,}5$$

⇒ Ausgang des Netzes und der Fehler E:

$$x_M = \frac{1}{1+e^{-\alpha}} = \frac{1}{1+e^{-2{,}5}} = 0{,}92 \approx 1 \quad \Rightarrow \ E = x_s - x_M = 1 - 1 = 0$$

Die Funktionsweise des Netzes für alle Eingänge ist in der Tabelle L.4 zusammengestellt. Der quadratische Gesamtfehler beträgt 0,036.

Tabelle L.4 Funktionsweise des Mehrschicht-Perzeptrons

Eingang		verdeckte Neuronen				Ausgang			Fehler
y_1	y_2	α_{v1}	α_{v2}	v_1	v_2	α	Strecke, x_s	Netz, x_M	E
0	0	–2,6	–3,3	0,07	0,04	–2,08	0	0,1	–0,1
0	1	2	–8,4	0,88	0	2,5	1	0,92	0,08
1	0	–7,4	1,9	0	0,87	1,82	1	0,86	0,14
1	1	–2,8	–3,3	0,08	0,04	–2,14	0	0,1	–0,1

Lösung zu **6.2.4 Umschulung eines Perzeptrons**

Die Aktivierungswerte sind nach folgenden Formeln zu berechnen:

$$\alpha_V = 1 \cdot y_1 + 1 \cdot y_2 - \theta_V \qquad \alpha = 1 \cdot y_1 + 1 \cdot y_2 + W \cdot V - \theta$$

Die Funktionsweise des Netzes mit gegebenen Werten von $\theta_V = 0{,}5$ und $W = -2$ ist in der Tabelle L.5 dokumentiert.

Tabelle L.5 Funktion des Perzeptrons für die alten Streckenparameter

y_1 y_2	Sollwert X_S	Aktivierungswert α_V	v	Aktivierungswert α	Ausgang X_M
0 0	1	$\alpha_V = 0 + 0 - 0{,}5 < 0$	0	$\alpha = 1 \cdot 0 + 1 \cdot 0 - 2 \cdot V + 0{,}5 > 0$	1
0 1	0	$\alpha_V = 0 + 1 - 0{,}5 > 0$	1	$\alpha = 1 \cdot 0 + 1 \cdot 1 - 2 \cdot V + 0{,}5 < 0$	0
1 0	0	$\alpha_V = 1 + 0 - 0{,}5 > 0$	1	$\alpha = 1 \cdot 1 + 1 \cdot 0 - 2 \cdot V + 0{,}5 < 0$	0
1 1	1	$\alpha_V = 1 + 1 - 0{,}5 > 0$	1	$\alpha = 1 \cdot 1 + 1 \cdot 1 - 2 \cdot V + 0{,}5 > 0$	1

Um die neuen Parameter der Regelstrecke richtig identifizieren zu können, muß man die Werte von θ_V und W variieren. Die Funktionsweise des Netzes soll dabei, wie die Tabelle L.6 zeigt, unverändert bleiben.

Tabelle L.6 Funktion des Perzeptrons für die neuen Streckenparameter

y_1 y_2	Sollwert X_S	Aktivierungswert α_V	v	Aktivierungswert α	Ausgang X_M
0 0	1	$\alpha_V = 0 + 0 - \theta_V < 0$	0	$\alpha = 1\cdot 0 + 1\cdot 0 - W\cdot 0 + 0{,}5 > 0$	1
0 4	0	$\alpha_V = 0 + 4 - \theta_V > 0$	1	$\alpha = 1\cdot 0 + 1\cdot 1 - W\cdot 1 + 0{,}5 < 0$	0
4 0	0	$\alpha_V = 4 + 0 - \theta_V > 0$	1	$\alpha = 1\cdot 1 + 1\cdot 0 - W\cdot 1 + 0{,}5 < 0$	0
4 4	1	$\alpha_V = 4 + 4 - \theta_V > 0$	1	$\alpha = 1\cdot 1 + 1\cdot 1 - W\cdot 1 + 0{,}5 > 0$	1

Daraus folgen die Bedingungen für die neue Streckensituation:

$-\theta_V < 0 \quad \Rightarrow \theta_V > 0$ $\qquad$ $1 - W + 0{,}5 < 0 \quad \Rightarrow W > 1{,}5$

$4 - \theta_V > 0 \quad \Rightarrow \theta_V < 4 \quad \Rightarrow \boxed{0 < \theta_V < 4}$ $\qquad$ $1 + 1 - W + 0{,}5 > 0 \Rightarrow W < 2{,}5$

$8 - \theta_V > 0 \quad \Rightarrow \theta_V < 8$ $\qquad$ $\boxed{1{,}5 < W < 2{,}5}$

Mit den gelernten Werten $\theta_V = 4{,}5$ und $W = -6$ ist die Funktion des Netzes fehlerhaft. Eine weitere Umschulung des Netzes ist nötig.

Lösung zu **6.2.5 Lernvorgang eines Hopfield-Netzes**

Ein korrekt funktionierendes Hopfield-Netz konvergiert zu Zuständen mit minimalen Energiewerten.

Damit hat das Netz zwei Zustände gelernt:

$X_1 = (1 \;\; 1 \;\; 1)$ mit $E_1 = -0{,}2$

$X_2 = (0 \;\; 1 \;\; 0)$ mit $E_2 = -0{,}05$

Lösung zu **6.2.6 Regelung mit Hopfield-Netz**

Das Netz konvergiert zum Zustand mit minimaler Energie.

Die Energie des Netzes wird nach der folgenden Formel berechnet:

$$E = -\frac{1}{2}\sum_{i=1}^{3} W_{ij}\cdot x_i \cdot x_j + \sum_{i=1}^{3} x_i \cdot \theta_i$$

$$E = -\frac{1}{2}\left(W_{12}\cdot x_1 \cdot x_2 + W_{13}\cdot x_1 \cdot x_3 + W_{23}\cdot x_2 \cdot x_3\right) + x_1\cdot\theta_1 + x_2\cdot\theta_2 + x_3\cdot\theta_3$$

Die Tabelle L.7 enthält die Energiewerte für alle $2^3 = 8$ Netzzustände (x_1 x_2 x_3).

Tabelle L.7 Energie des Hopfield-Netzes

Zustand	Energie
0 0 0	$E = -0{,}5\cdot[(-0{,}5)\cdot 0\cdot 0 + 0{,}2\cdot 0\cdot 0 + 0{,}6\cdot 0\cdot 0] + 0\cdot(-0{,}1) + 0\cdot 0 + 0\cdot 0 = 0$
0 0 1	$E = -0{,}5\cdot[(-0{,}5)\cdot 0\cdot 0 + 0{,}2\cdot 0\cdot 1 + 0{,}6\cdot 0\cdot 1] + 0\cdot(-0{,}1) + 0\cdot 0 + 1\cdot 0 = 0$
0 1 0	$E = -0{,}5\cdot[(-0{,}5)\cdot 0\cdot 1 + 0{,}2\cdot 0\cdot 0 + 0{,}6\cdot 1\cdot 0] + 0\cdot(-0{,}1) + 1\cdot 0 + 0\cdot 0 = 0$
0 1 1	$E = -0{,}5\cdot[(-0{,}5)\cdot 0\cdot 1 + 0{,}2\cdot 0\cdot 1 + 0{,}6\cdot 1\cdot 1] + 0\cdot(-0{,}1) + 1\cdot 0 + 1\cdot 0 = -0{,}3$
1 0 0	$E = -0{,}5\cdot[(-0{,}5)\cdot 1\cdot 0 + 0{,}2\cdot 1\cdot 0 + 0{,}6\cdot 0\cdot 0] + 1\cdot(-0{,}1) + 0\cdot 0 + 0\cdot 0 = -0{,}1$
1 0 1	$E = -0{,}5\cdot[(-0{,}5)\cdot 1\cdot 0 + 0{,}2\cdot 1\cdot 1 + 0{,}6\cdot 0\cdot 1] + 1\cdot(-0{,}1) + 0\cdot 0 + 1\cdot 0 = -0{,}2$
1 1 0	$E = -0{,}5\cdot[(-0{,}5)\cdot 1\cdot 1 + 0{,}2\cdot 1\cdot 0 + 0{,}6\cdot 1\cdot 0] + 1\cdot(-0{,}1) + 1\cdot 0 + 0\cdot 0 = 0{,}15$
1 1 1	$E = -0{,}5\cdot[(-0{,}5)\cdot 1\cdot 1 + 0{,}2\cdot 1\cdot 1 + 0{,}6\cdot 1\cdot 1] + 1\cdot(-0{,}1) + 1\cdot 0 + 1\cdot 0 = -0{,}25$

Der Zustand mit minimalem Energiewert $E = -0{,}3$ ist also (0 1 1).

Lösung zu **6.2.7 Regelung mit dem IAC-Netz**

Die Tabellen L.8 und L.9 geben Auskunft über Konkurrenzlernen für Eingang Z = (1 1 0 0) und das Erkennen für Z = (1 1 0 1).

Tabelle L.8 Funktionsweise der beiden Netze für die 1.Iteration

Lernschritt	Netz 1	Netz 2
Eingang Z = (1 1 0 0) eingeben und Ausgänge berechnen	$y_1 = 2\cdot z_1 + 2\cdot z_2 + 3\cdot z_3 + 3\cdot z_4 =$ $= 2\cdot 1 + 2\cdot 1 + 3\cdot 0 + 3\cdot 0 = 4$ $y_2 = 2\cdot z_1 + 3\cdot z_2 + 3\cdot z_3 + 2\cdot z_4 =$ $= 2\cdot 1 + 3\cdot 1 + 3\cdot 0 + 2\cdot 0 = 5$ Gewinner ist $y_2 \Rightarrow$ Klasse B	$y_1 = 4\cdot z_1 + 5\cdot z_2 + 2\cdot z_3 + 2\cdot z_4 =$ $= 4\cdot 1 + 5\cdot 1 + 2\cdot 0 + 2\cdot 0 = 9$ $y_2 = 4\cdot z_1 + 2\cdot z_2 + 2\cdot z_3 + 9\cdot z_4 =$ $= 4\cdot 1 + 2\cdot 1 + 2\cdot 0 + 9\cdot 0 = 6$ Gewinner ist $y_1 \Rightarrow$ Klasse A
Gewichte des Gewinners ändern (+1 für aktive und –1 für inaktive Neuronen)	$W_{1(neu)} = W_{1(alt)} + 1 = 2 + 1 = 3$ $W_{2(neu)} = W_{2(alt)} + 1 = 3 + 1 = 4$ $W_{3(neu)} = W_{3(alt)} - 1 = 3 - 1 = 2$ $W_{4(neu)} = W_{4(alt)} + 1 = 2 - 1 = 1$	$W_{1(neu)} = W_{1(alt)} + 1 = 4 + 1 = 5$ $W_{2(neu)} = W_{2(alt)} + 1 = 5 + 1 = 6$ $W_{3(neu)} = W_{3(alt)} - 1 = 2 - 1 = 1$ $W_{4(neu)} = W_{4(alt)} + 1 = 2 - 1 = 1$
Ausgänge berechnen	$y_1 = 4$ $y_2 = 3\cdot 1 + 4\cdot 1 + 2\cdot 0 + 1\cdot 0 = 7$ Gewinner ist $y_2 \Rightarrow$ Klasse B	$y_1 = 5\cdot 1 + 6\cdot 1 + 1\cdot 0 + 1\cdot 0 = 12$ $y_2 = 6$ Gewinner ist $y_1 \Rightarrow$ Klasse A

Tabelle L.9 Funktionsweise der beiden Netze für die 2. und 3.Iteration

Lernschritt	Netz 1	Netz 2
Gewichte des Gewinner-Neurons ändern *2.Iteration*:	$W_{1(neu)} = 3 + 1 = 4$ $W_{2(neu)} = 4 + 1 = 5$ $W_{3(neu)} = 2 - 1 = 1$ $W_{4(neu)} = 1 - 1 = 0$	$W_{1(neu)} = 5 + 1 = 6$ $W_{2(neu)} = 6 + 1 = 7$ $W_{3(neu)} = 1 - 1 = 0$ $W_{4(neu)} = 1 - 1 = 0$
Ausgänge berechnen	$y_1 = 4$ $y_2 = 4 \cdot 1 + 4 \cdot 1 + 1 \cdot 0 + 1 \cdot 0 = 9$ Gewinner ist $y_2 \Rightarrow$ Klasse B	$y_1 = 6 \cdot 1 + 7 \cdot 1 + 0 \cdot 0 + 0 \cdot 0 = 13$ $y_2 = 6$ Gewinner ist $y_1 \Rightarrow$ Klasse A
Gewichte des Gewinner-Neurons ändern *3.Iteration:*	$W_{1(neu)} = 4 + 1 = 5$ $W_{2(neu)} = 5 + 1 = 6$ $W_{3(neu)} = 1 - 1 = 0$ $W_{4(neu)} = 0 - 1 = -1$	$W_{1(neu)} = 6 + 1 = 7$ $W_{2(neu)} = 7 + 1 = 8$ $W_{3(neu)} = 0 - 1 = -1$ $W_{4(neu)} = 0 - 1 = -1$
Ausgänge berechnen	$y_1 = 4$ $y_2 = 5 \cdot 1 + 6 \cdot 1 + 0 \cdot 0 + (-1) \cdot 0 = 9$ Gewinner ist $y_2 \Rightarrow$ Klasse B	$y_1 = 7 \cdot 1 + 8 \cdot 1 + (-1) \cdot 0 + (-1) \cdot 0 = 15$ $y_2 = 6$ Gewinner ist $y_1 \Rightarrow$ Klasse A
Eingang Z= (1 1 0 1) eingeben und Ausgänge berechnen	$y_1 = 2 \cdot z_1 + 2 \cdot z_2 + 3 \cdot z_3 + 3 \cdot z_4 =$ $= 2 \cdot 1 + 2 \cdot 1 + 3 \cdot 0 + 3 \cdot 1 = 7$ $y_2 = 5 \cdot z_1 + 6 \cdot z_2 + 0 \cdot z_3 + (-1) \cdot z_4 =$ $= 5 \cdot 1 + 6 \cdot 1 + 0 \cdot 0 + (-1) \cdot 1 = 10$ Gewinner ist $y_2 \Rightarrow$ Klasse B	$y_1 = 7 \cdot z_1 + 8 \cdot z_2 + (-1) \cdot z_3 + (-1) \cdot z_4 =$ $= 7 \cdot 1 + 8 \cdot 1 + (-1) \cdot 0 + (-1) \cdot 1 = 14$ $y_2 = 4 \cdot z_1 + 2 \cdot z_2 + 2 \cdot z_3 + 2 \cdot z_4 =$ $= 4 \cdot 1 + 2 \cdot 1 + 2 \cdot 0 + 9 \cdot 1 = 15$ Gewinner ist $y_2 \Rightarrow$ Klasse B

Antwort: Das Netz 1 funktioniert korrekt. Es wird die Stellgröße $s = -10$ V ausgegeben.

Lösung zu **6.2.8 Lernvorgang eines RT-Neurons**

a) Die Übertragungsfunktion und die Gewichte im Beharrungszustand sind:

$$G_0(s) = \eta \cdot \left(\frac{x_1}{1 + sT_1} \cdot \frac{q}{1 - q \cdot e^{-sT_t}} \cdot x_1 + \frac{x_2}{1 + sT_2} \cdot \frac{q}{1 - q \cdot e^{-sT_t}} \cdot x_2 \right)$$

$$W_{1(neu)}(\infty) = \frac{x_1^2}{x_1^2 + x_2^2} \cdot d = \frac{1^2}{1^2 + 2^2} = 0{,}2 \qquad W_{2(neu)}(\infty) = \frac{x_2^2}{x_1^2 + x_2^2} \cdot d = 0{,}8$$

b) Beim Schwellenwert $\theta = +1$ konvergieren die Gewichte zu den folgenden Werten:

$$W_{1(neu)}(\infty) = \frac{x_1^2 \cdot (d + \theta)}{x_1^2 + x_2^2} = \frac{1^2 \cdot (1 + 1)}{1^2 + 2^2} = 0{,}4 \qquad W_{2(neu)}(\infty) = \frac{x_2^2 \cdot (d + \theta)}{x_1^2 + x_2^2} = 1{,}6$$

Lösung zu **6.2.9 Identifikation mit RT-Neuron**

Die untersuchte Regelstrecke ist durch ein Modell mit folgenden DGL darstellbar:

$$\begin{aligned} \dot{x}_1 &= -a_{11}\cdot x_1 + a_{12}\cdot x_2 + b_1\cdot u \\ \dot{x}_2 &= -a_{21}\cdot x_1 - a_{22}\cdot x_2 + b_2\cdot u \end{aligned} \quad \text{oder} \quad \begin{aligned} T_1\cdot\dot{x}_1 + x_1 &= K_1\cdot u + K_{x1}\cdot x_2 \\ T_2\cdot\dot{x}_2 + x_2 &= K_2\cdot u - K_{x2}\cdot x_1 \end{aligned}$$

wobei die Kennwerte sind:

$$K_1 = \frac{b_1}{a_{11}} \quad K_{x1} = \frac{a_{12}}{a_{11}} \quad T_1 = \frac{1}{a_{11}} \quad K_2 = \frac{b_2}{a_{22}} \quad K_{x2} = \frac{a_{21}}{a_{22}} \quad T_2 = \frac{1}{a_{22}}$$

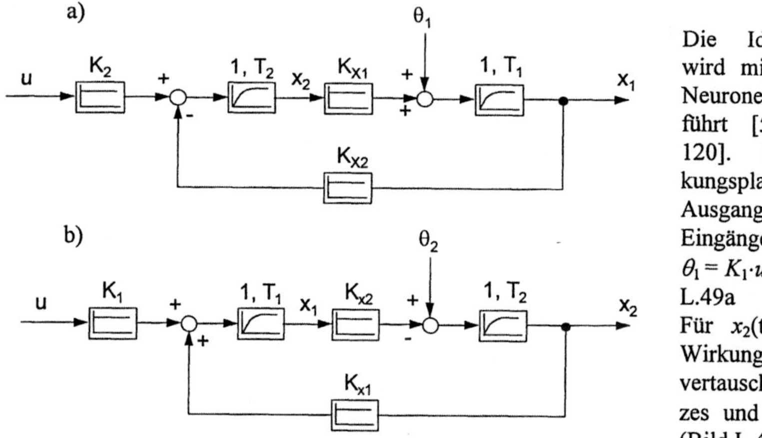

Die Identifikation wird mit den RT-Neuronen durchgeführt [50, S.117-120]. Der Wirkungsplan für den Ausgang $x_1(t)$ mit Eingänge $u(t)$ und $\theta_1 = K_1\cdot u$ ist im Bild L.49a aufgeführt. Für x_2(t) gilt der Wirkungsplan mit vertauschten Indizes und $\theta_2 = K_2\cdot u$ (Bild L.49b).

Bild L.49 Wirkungsplan des RT-Neurons: a) für den Ausgang x_1; b) für den Ausgang x_2

Die Übertragungsfunktionen des RT-Neurons und die Kennwerte sind:

$$G_1(s) = \frac{K_{P1}\cdot(1+s\cdot T_{v1})}{\frac{1}{\omega_0^2}\cdot s^2 + \frac{2\cdot\vartheta}{\omega_0}\cdot s + 1} \qquad G_2(s) = \frac{K_{P2}\cdot(1+s\cdot T_{v2})}{\frac{1}{\omega_0^2}\cdot s^2 + \frac{2\cdot\vartheta}{\omega_0}\cdot s + 1}$$

$$\frac{2\cdot\vartheta}{\omega_0} = \frac{T_1+T_2}{1+K_{x1}\cdot K_{x2}} \qquad \frac{1}{\omega_0^2} = \frac{T_1\cdot T_2}{1+K_{x1}\cdot K_{x2}}$$

$$K_{P1} = \frac{K_1+K_2\cdot K_{x1}}{1+K_{x1}\cdot K_{x2}} \qquad K_{P2} = \frac{K_2-K_1\cdot K_{x2}}{1+K_{x1}\cdot K_{x2}}$$

$$T_{v1} = \frac{K_1\cdot T_2}{K_1+K_{x1}\cdot K_2} \qquad T_{v2} = \frac{K_2\cdot T_1}{K_2-K_{x2}\cdot K_1}$$

Aus den Sprungantworten erkennt man, daß $x_1(\infty) = 3{,}5$ und $x_2(\infty) = 1{,}0$ sind.

Da die Sprungantworten $x_1(t)$ und $x_2(t)$ je zwei Halbwellen besitzen ($n = 2$), ergibt sich für den Dämpfungsgrad $\vartheta \approx \frac{1}{n+1} = \frac{1}{1+2} = 0{,}3$ und $K_{x1} = K_{x2} = n + 1 = 3$.

Die Zeitkonstanten sind damit auch gleich, $T_1 = T_2$.

Versuchsergebnisse liefern die Periodendauer T_d der Eigenschwingung: $T_d = 1{,}6\text{sec}$.

Daraus folgt $\omega_d = \frac{2\pi}{T_d} = \omega_0 \cdot \sqrt{1-\vartheta^2} = 3{,}93\ \text{sec}^{-1}$ und $\omega_0 = 4{,}14\ \text{sec}^{-1}$.

Für einen Eingangssprung von $u = 1{,}5$ ergibt sich:

$$x_1(\infty) = K_{P1} \cdot \hat{u} = \frac{K_1 + K_2 \cdot 3}{1+3\cdot 3} \cdot 1{,}5 = 3{,}5 \qquad \frac{T_1 + T_2}{1+3\cdot 3} = \frac{2\cdot\vartheta}{\omega_0} = \frac{0{,}6}{4{,}14}$$

$$x_2(\infty) = K_{P2} \cdot \hat{u} = \frac{K_2 - K_1 \cdot 3}{1+3\cdot 3} \cdot 1{,}5 = 1{,}0 \qquad \frac{T_1 \cdot T_2}{1+3\cdot 3} = \frac{1}{\omega_0^2} = \frac{1}{4{,}14^2}$$

Die gesuchten Parameter der Regelstrecke sind: $K_1 = 0{,}2$; $K_2 = 7{,}7$ und $T_1 = T_2 = 0{,}72$ sec.

Lösung zu **6.2.10 Regelung mit RT-Neuron**

Zunächst wird die Regelstrecke durch ein RT-Neuron identifiziert (siehe Lösung 6.2.9).

Aus den gegebenen Sprungantworten für den Eingangssprung von $u = 1{,}5$ ergeben sich:

- $x_1(\infty) = 4{,}52$
- $x_2(\infty) = 0$

Da die Sprungantworten schwingungsfrei sind (keine Halbwellen, $n = 0$), ergeben sich:

- Dämpfungsgrad $\vartheta \approx \frac{1}{n+1} = 1$
- Proportionalbeiwerte $K_{x1} = K_{x2} = n+1 = 1$

Aus den Beharrungszuständen

$$x_1(\infty) = K_{P1} \cdot \hat{u} = \frac{K_1 + K_2 \cdot 1}{1+1\cdot 1} \cdot 1{,}5 = 4{,}52 \qquad x_2(\infty) = K_{P2} \cdot \hat{u} = \frac{K_2 - K_1 \cdot 1}{1+1\cdot 1} \cdot 1{,}5 = 0$$

gewinnt man die weiteren Parameter der Regelstrecke $K_1 = K_2 = 3$.

Die Zeitkonstanten T_1 und T_2 bestimmt man aus der Steigung der Sprungantwort bei $t = 0$:

$$\left.\frac{dx_1(t)}{dt}\right|_{t=0} = \lim_{s\to\infty} s \cdot G_1(s) \cdot \hat{u} = \frac{K_1}{T_1} \cdot \hat{u} = 2{,}8\,\text{sec}^{-1} \quad \Rightarrow \quad T_1 = \frac{3\cdot 1{,}5}{2{,}8\,\text{sec}^{-1}} = 1{,}6\,\text{sec}$$

$$\left.\frac{dx_2(t)}{dt}\right|_{t=0} = \lim_{s\to\infty} s \cdot G_2(s) \cdot \hat{u} = \frac{K_2}{T_2} \cdot \hat{u} = 2{,}8\,\text{sec}^{-1} \quad \Rightarrow \quad T_2 = \frac{3\cdot 1{,}5}{2{,}8\,\text{sec}^{-1}} = 1{,}6\,\text{sec}$$

Die Übertragungsfunktionen der Regelstrecke für die Ausgänge $x_1(t)$ und $x_2(t)$ sind:

$$G_1(s) = \frac{K_{P1}(1+s\cdot T_{v1})}{a_2\cdot s^2 + a_1\cdot s + 1} \qquad G_2(s) = \frac{K_2 - K_1\cdot K_{x2} + K_2\cdot T_1\cdot s}{(1+K_{x1}\cdot K_{x2})(a_2\cdot s^2 + a_1\cdot s + 1)}$$

Die Kennwerte sind unten berechnet:

$$K_{P1} = \frac{K_1 + K_2\cdot K_{x1}}{1+K_{x1}\cdot K_{x2}} = \frac{3+3\cdot 1}{1+1\cdot 1} = 3$$

$$T_{v1} = \frac{K_1\cdot T_2}{K_1 + K_{x1}\cdot K_2} = \frac{3\cdot 1{,}6\,\mathrm{sec}}{3+1\cdot 1} = 1{,}2\,\mathrm{sec}$$

$$K_2 - K_1\cdot K_{x2} = 3 - 3\cdot 1 = 0$$

$$K_{D2} = \frac{K_2\cdot T_1}{1+K_{x1}\cdot K_{x2}} = \frac{3\cdot 1{,}6\,\mathrm{sec}}{1+1\cdot 1} = 2{,}4\,\mathrm{sec}$$

$$a_1 = \frac{T_1 + T_2}{1+K_{x1}\cdot K_{x1}} = \frac{1{,}6\,\mathrm{sec} + 1{,}6\,\mathrm{sec}}{1+1\cdot 1} = 1{,}6\,\mathrm{sec}$$

$$a_2 = \frac{T_1\cdot T_2}{1+K_{x1}\cdot K_{x1}} = \frac{1{,}6\,\mathrm{sec}\cdot 1{,}6\,\mathrm{sec}}{1+1\cdot 1} = 1{,}28\,\mathrm{sec}^2$$

Die damit identifizierte Regelstrecke ist im Bild L.50 dargestellt.

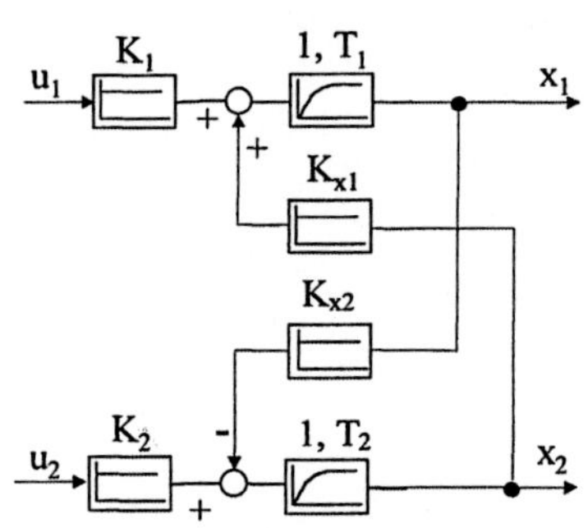

Bild L.50 Durch RT-Neuronen identifizierte Regelstrecke mit zwei Ein-/ Ausgängen

Die Regelstrecke soll mit einem P-Regler geregelt werden.

Der Wirkungsplan des Regelkreises mit einem RT-Neuron als P-Regler ist im Bild L.51 gezeigt.

Der RT-Neuron hat die folgenden Übertragungsfunktionen:

$$G_{R1}(s) = \frac{K_{PR1}(1+s\cdot T_{v1})}{a_2\cdot s^2 + a_1\cdot s + 1} \qquad G_{R2}(s) = \frac{K_{DR2}\cdot s}{a_2\cdot s^2 + a_1\cdot s + 1}$$

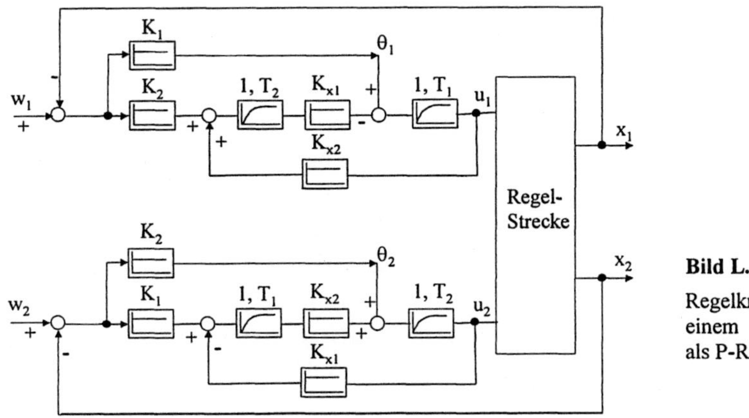

Bild L.51 Regelkreis mit einem RT-Neuron als P-Regler

Der Regler ist mit folgenden Parametern eingestellt:

$K_{R1} = 10$ $K_{R2} = 0{,}5$

$K_{Rx1} = 1$ $K_{Rx2} = 1$

$T_{R1} = 0{,}01\,\text{sec}$ $T_{R2} = 0{,}01\,\text{sec}$

Die Sprungantwort $x_1(t)$ des Regelkreises bei den Eingangssprüngen von $w_1 = 1{,}5$ und $w_2 = 2{,}0$ ist im Bild L.52 gezeigt. Zum Vergleich ist auch die Sprungantwort der Regelstrecke ohne Regler $x_{o.R}(t)$ für den gleichen Eingangssprung der Stellgröße $u = 1{,}5$ dargestellt. Man erkennt, daß das RT-Neuron keine bleibende Regeldifferenz hinterläßt.

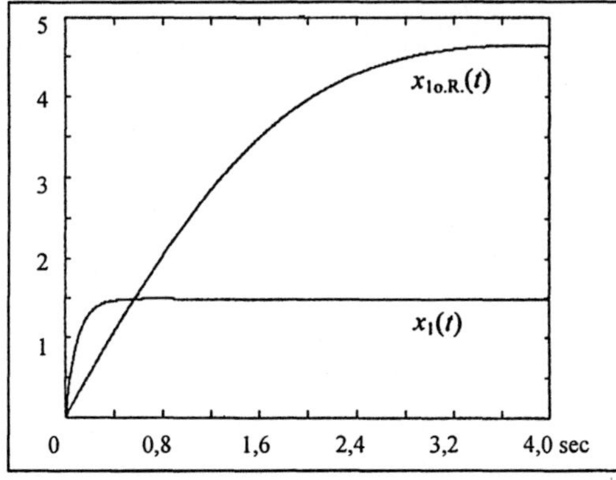

Bild L.52 Simulationsergebnisse bei den Eingangssprüngen der Höhe $w_1 = 1{,}5$ und $w_2 = 1{,}0$:

x_1(t) - Sprungantwort des Regelkreises mit Neuroregler;

$x_{1o.R}$(t) - Sprungantwort der Strecke ohne Regler.

Literaturverzeichnis

[1] Baumgarth S.; Karbach, A.; Otto, D.; Schernus, G.-P.; Treusch W.: *Digitale Regelung und Steuerung in der Versorgungstechnik (DDC-CA)*, Springer Verlag, 1995.

[2] Bening, F.: *Z-Transformation für Ingenieure*, B.G.Teubner Verlag, 1995.

[3] Bode, H.: *MATLAB in der Regelungstechnik*, B.G.Teubner Verlag, 1998.

[4] Braun, H.; Feulner, J.; Malaka, R.: *Praktikum Neuronale Netze*, Springer Verlag, 1995.

[5] Büttner, W.: *Digitale Regelungssysteme*, Verlag Vieweg, 1991.

[6] Cremer, M.: *Regelungstechnik*, Springer Verlag, 1995.

[7] Effertz, F.H., Hüsch H.-W.: *Experimentelle Grundlagen der Automatisierungstechnik*, Band 2, Leybold Didactic GmbH, 1998.

[8] Forst, H.-J.: *Speicherprogrammierbare Steuerungen in der Prozeßleittechnik*, VDI Verlag, Berlin, 1990.

[9] Föllinger, O.: *Regelungstechnik*, Hütig Verlag, 1994.

[10] Föllinger, O.: *Optimale Regelung und Steuerung*, R.Oldenbourg Verlag, 1994.

[11] Gassmann, H.: *Regelungstechnik*, Verlag Harri Deutsch, 1996.

[12] Geering, H.P.: *Regelungstechnik*, Springer Verlag, 1996.

[13] Günther, M.: *Kontinuierliche und zeitdiskrete Regelungen*, Teubner Verlag, 1997.

[14] Hoffmann, J.: *MATLAB und SIMULINK*, Addison-Wesley-Longman Verlag, 1998.

[15] Hoffmann, N.: *Simulation Neuronaler Netze. Grundlagen, Modelle, Programme*, Verlag Vieweg, 1992.

[16] Isermann, R.: *Identifikation dynamischer Systeme*, Bd. 1,2. Springer Verlag, 1992.

[17] Jakoby, W.: *Automatisierungstechnik-Algorithmen, Programme*, Springer Verlag, 1996.

[18] Jaschek, H; Schwinn, W: *Übungsaufgaben zum Grundkurs der Regelungstechnik*, R.Oldenbourg Verlag, 1990.

[19] John, K.-H.; Tiegelkamp, M.: *SPS-Programmierung mit IEC 1131-3*, Springer Verlag, 1995.

[20] Jörgl, H.P.: *Repetitorium Regelungstechnik*, Bd. 1,2. R.Oldenbourg Verlag, 1995.

[21] Kahlert, J.; Frank, H.: *Fuzzy-Logik und Fuzzy-Control*, Verlag Vieweg, 1993.

[22] Kaspers, W.; Küfner, H.-J.; Heinrich, B.; Vogt, W.: *Steuern, Regeln, Automatisieren*, Verlag Vieweg, 1994.

[23] Knappe, H.: *Nichtlineare Regelungstechnik und Fuzzy-Control*, Expert Verlag, 1994.

[24] Latzel, W.: *Einführung in die digitalen Regelungen*, VDI Verlag, 1995.

[25] Leonhard, W.: *Einführung in die Regelungstechnik*, Verlag Vieweg, 1992.

[26] Leonhard, W; Schnieder, E: *Aufgabensammlung zur Regelungstechnik*, Verlag Vieweg, 1992.

[27] Ludyk, G.: *Theoretische Regelungstechnik*, Bd.1,2. Springer Verlag, 1995.

[28] Lunze, J.: *Regelungstechnik mit Anwendungsbeispielen für MATLAB*, Springer Verlag, Bd.1, 1996, Bd.2, 1997.

[29] Lutz, H; Wendt, W: *Taschenbuch der Regelungstechnik*, Verlag Harri Deutsch, 1995.

[30] Makarow, A.: *Regelungstechnik und Simulation*, Verlag Vieweg, 1994.

[31] Mann, H; Schiffelgen, H; Froriep, R: *Einführung in die Regelungstechnik*, Carl-Hanser Verlag, 1997.

[32] Masters, T.: *Practical Neural Network Recipes in C++*, Academic Press Inc, 1993.

[33] Mazetti, A.: *Praktische Einführung in neuronale Netze,* Verlag Heinz Heise, 1992.

[34] Nauck, D.; Klawonn, F.; Kruse, R.: *Neuronale Netze und Fuzzy-Systeme*, Verlag Vieweg, 1996.

[35] Orlowski, P.: *Praktische Regelungstechnik*, Springer Verlag, 1994.

[36] Petry, J.: *Modicon Micro. Programmieren mit ConCept*, AEG Schneider Automation GmbH, Seligenstadt, 1996.

[37] Petry, J.: *SPS-Projektierung und Programmierung*, Hüthig Verlag, 1990.

[38] Reinhardt, H.: *Automatisierungstechnik*, Springer Verlag, 1996.

[39] Rembold, U.; Levi, P.: *Realzeitsysteme zur Prozeßautomatisierung*, Carl Hanser Verlag, 1994.

[40] Reuter, M.: *Regelungstechnik für Ingenieure*, Verlag Vieweg, 1991.

[41] Scherer, A.: *Neuronale Netze. Grundlagen und Anwendungen*, Verlag Vieweg, 1997.

[42] Schuler, H. (Hg.): *Prozeßsimulation*, VCH Verlag Weinheim, 1995.

[43] Schulz, D.: *Praktische Regelungstechnik. Ein Leitfaden für Einsteiger*, Hüthig Verlag, 1994.

[44] Schulz, D.: *PC-gestützte Meß- und Regelungstechnik*, Franzis' Verlag, 1994.

[45] Schulz, G.: *Regelungstechnik*, Springer Verlag, 1995.

[46] Seraphin, M.: *Neuronale Netze und Fuzzy-Logik*, Franzis' Verlag, 1994.

[47] Siegert, H.-J: *Simulation zeitdiskreter Systeme*, R.Oldenbourg Verlag, 1991.

[48] Traeger, D.H.: *Einführung in die Fuzzy-Logik*, B.G.Teubner Verlag, 1993.

[49] Wellenreuther, G.; Zastrow, D.: *Steuerungstechnik mit SPS*, Verlag Vieweg, 1991.

[50] Zakharian, S.; Ladewig-Riebler, P.; Thoer, S.: *Neuronale Netze für Ingenieure*, Verlag Vieweg, 1998.

Sachwortverzeichnis